解きながら学ぶ 微積分でよくわかる 力学

著者：今井 章人

JN209463

KDD
近代科学社 Digital

まえがき

　本書は，高校物理で力学を一通り学習した高校生を対象に，力学をただ復習するだけでなく，高校数学の極限，微分，積分などの知識を活用して，再考しようとするものである。高校生向けに解法を誘導したり，限定的な場合のみを扱っていたりして，大学生向けの参考書より易しく書いた部分は多いが，高校物理の教科書の流れとは違う観点で力学を考えることで，理解を深めてもらいたい。

　本書は問題を解き進めながら，力学の理解が深められるように設計している。付録では，本書で使う数学の知識を復習できるようにした。ただし，数学 II B の内容の極限，微分，積分の定義から丁寧に書いているわけではないことに注意していただきたい。

　また，この書籍の内容は，高校生を対象とした夏期・冬期講習で実施したものをまとめたものである。大元を辿れば，著者が高校 3 年生のときに母校で受けた授業がこの授業をするきっかけになっている。元同僚の古川創一先生には，講習を実践していただき，仕事の定義に関する追記，一部の問題や図をご提供いただいた。また，文章の校正をしていただき，内容に関しても多くの助言をいただいた。物理教育学会などでお世話になっている板橋克美先生には，大学で基礎物理を教えられている観点から，文章の校正や体裁に関して多くの助言をいただいた。さらに，この書籍化を実現してくださった近代科学社の石井沙知さんには，文章の構成から編集作業までに多大にご協力いただいた。この場をお借りして感謝を申し上げたい。

2024 年 10 月

今井 章人

目次

付録B　　問題の解答

第 1 章

速度と加速度

この章では，運動学に必須の位置，速度，加速度は微分・積分の関係であることを理解する。よく見られる間違いとして，速度と加速度の違いが理解できていないことが挙げられる。速度の時間微分が加速度であることを学び，速度や加速度の理解を深めよう。

1.1　高校物理で習う速度（速さ）

　小学生の頃，「速さ＝距離÷時間」と習ったはずである。高校生になると，平均の速度と瞬間の速度を学習する。図 1.1 のように，距離センサーの前で歩く実験を考える。時刻 0 秒に距離センサーのスイッチを入れ，時刻 1 秒に右に歩き始める。時刻 5 秒のときに静止し，時刻 13 秒になったら左へ動き出す。時刻 18 秒に元の位置に戻り，静止する。このときの位置の時間変化のグラフ（$x - t$ グラフ）はどうなるだろうか。図 1.2 を見てみよう。

図 1.1　距離センサー前での歩行運動

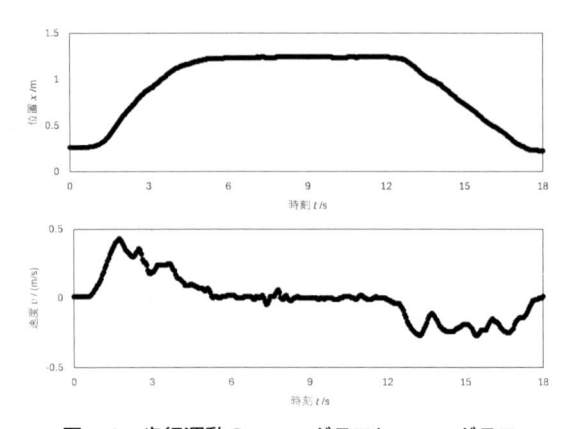

図 1.2　歩行運動の $x - t$ グラフと $v - t$ グラフ

　図 1.2 上段の $x-t$ グラフの傾きは速度を表している。時刻 5 秒から 13 秒まで人が静止しているときは，傾きは 0（横軸に平行）である。その傾きの値，すなわち，速度の時間変化のグラフ（$v-t$ グラフ）を図 1.2 下段に示す。そこから，速度が常に変化していることが読み取れる。日常生活で，車のスピードメーターが瞬間の速度を示していることは知っているのではないだろうか。では，速度はどのように定義すればよいか。速度＝距離÷時間で計算するとき，時間を 1 時間や 1 分，1 秒ではなく，限りなく短い時間にすれば，平均の速度でなく，瞬間の速度を考えられるのである。そこで，極限の考え方を使って，速度を定義する。この定義こそ，「微分」の考え方である。速度を定義するために，微分の考え方があると言ってもよいだろう。

　では，極限・微分を用いて速度を定義しよう。時刻 t における物体の位置が x であったとする。Δt だけ時間変化し，位置の変化（変位）が Δx だったとき，時刻 $t+\Delta t$ における物体の位置は $x+\Delta x$ となる。このとき，時刻 t から $t+\Delta t$ までの間の平均の速度 $\overline{v}$ は，$\overline{v}=\dfrac{\Delta x}{\Delta t}$ と定義される。さらに，$\Delta t \to 0$ の極限をとったときの値を瞬間の速度（これを単に，速度）という。速度 v は，

$$v = \lim_{\Delta t \to 0} \overline{v} = \lim_{\Delta t \to 0} \frac{\Delta x}{\Delta t} = \frac{\mathrm{d}x}{\mathrm{d}t} \qquad \cdots\cdots\cdots\cdots\cdots \quad (1.1)$$

と表す。ここで，位置 x は時刻 t の関数で表されるため，それを明示する場合には $x(t)$ と表す。以下では煩雑になるのを防ぐため，明記しない場合が多々あるので注意すること。また，$\dfrac{\mathrm{d}x}{\mathrm{d}t}$ を x の t に関する微分または導関数という。

　　参照 微分の定義：p.84 の式 (A.6)

問題 1.1

　物体の位置 x が，$x = 2t^2 - 4t$ で表せるような時刻 t の関数で表されるとする次の問いに答えよ。

補足 「次元」を意識すれば，物体の位置 x の式は，
$x = 2 \text{ m/s}^2 \cdot t^2 - 4 \text{ m/s} \cdot t$ と書くべきであるが，ここでは省略している。以降の問題も略して記述されているものがある。

(1) 物体の速度 v を時刻 t の関数で表せ。

　参照 x^n の微分 p.84 の式 (A.7)

(2) 時刻 $t = 2$ のとき，物体の速度を求めよ。

問題 1.2

　物体の位置 x が，$x = v_0 t - \dfrac{1}{2} g t^2$ で表せるような時刻 t の関数で表されるとする（鉛直投げ上げ運動）。次の問いに答えよ。

(1) 物体の速度 v を時刻 t の関数で表せ。

　参照 x^n の微分 p.84 の式 (A.7)

(2) $v_0 = 4.9 \text{ m/s}$，$g = 9.8 \text{ m/s}^2$，時刻 $t = 2.0 \text{ s}$ のとき，物体の速度は何 m/s か。

1.2　高校物理で習う加速度

　速度を測定できるアプリで自転車の瞬間の速度を計測した結果を，図 1.3 に示す。目的地に到着する前に，自転車が最も減速しているときはどの区間だろうか。答えは，停止車を発見してから避けるまでである。位置の時間変化のグラフ（$x-t$ グラフ）の傾きは速度であったが，速度の時間変化のグラフ（$v-t$ グラフ）の傾きは加速度を表している。

　次に，斜面を下る台車の運動の $x-t$ グラフ，$v-t$ グラフを考える。台車は加速すると予想できるだろう。計測した結果を図 1.4 に示す。手を離した時刻を 0 秒とすると，$x-t$ グラフは放物線（2 次関数），$v-t$ グラフは直線（1 次関数）であることがわかる。また，グラフの傾きが一定なので，加速度が一定であることもわかる。このように，加速度が一定であれば計算しやすいのだが，図 1.3 の自転車の $v-t$ グラフのように傾きが一

定でない場合は加速度が一定でないため計算しにくい。そこで，速度と同様に微分を用いて加速度を定義してみよう。

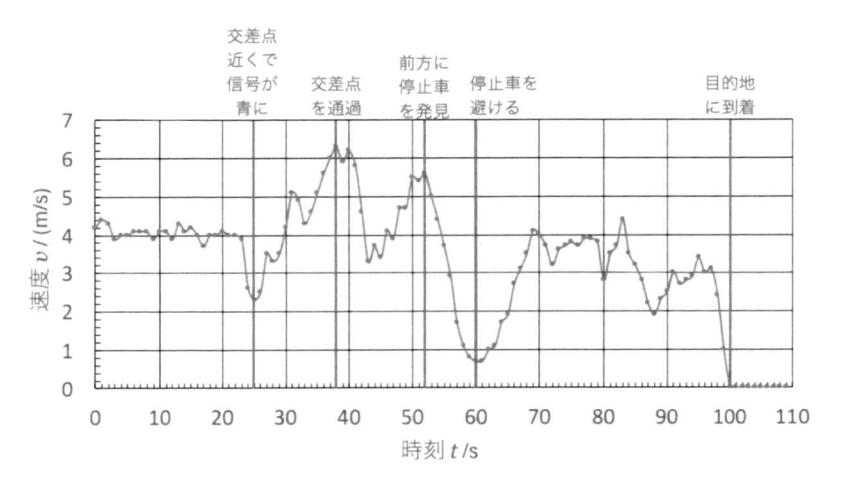

図 1.3　自転車の速度の分析

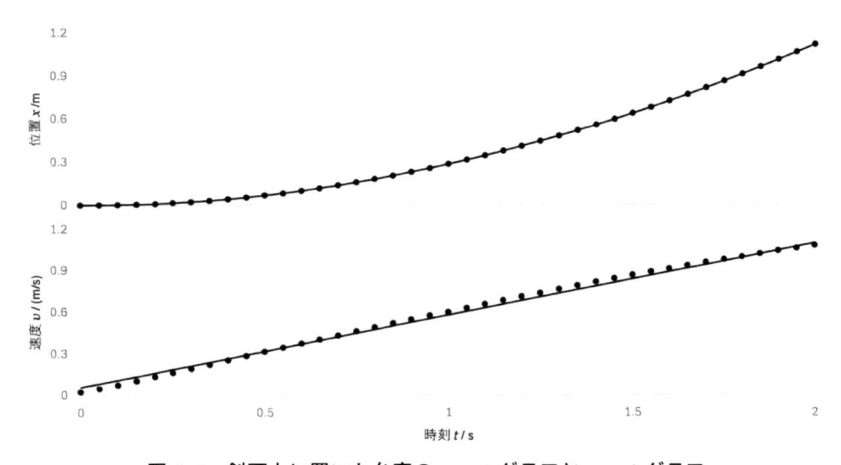

図 1.4　斜面上に置いた台車の $x-t$ グラフと $v-t$ グラフ

　では，極限・微分を用いて加速度を定義しよう。時刻 t における物体の速度が v であったとする。Δt だけ時間変化し，速度の変化が Δv だったとき，時刻 $t + \Delta t$ における物体の速度は $v + \Delta v$ となる。このとき，時刻 t から $t + \Delta t$ までの間の平均の加速度 $\overline{a}$ は，$\overline{a} = \dfrac{\Delta v}{\Delta t}$ となる。さらに，$\Delta t \to 0$ の極限をとったときの値を瞬間の加速度（これを単に，加速度）という。加速度 a は，

$$
a = \lim_{\Delta t \to 0} \overline{a} = \lim_{\Delta t \to 0} \frac{\Delta v}{\Delta t} = \frac{\mathrm{d}v}{\mathrm{d}t} \qquad \cdots\cdots\cdots\cdots\cdots \text{(1.2)}
$$

また，p.9 の式 (1.1) より，

$$
a = \frac{\mathrm{d}v}{\mathrm{d}t} = \frac{\mathrm{d}}{\mathrm{d}t}\left(\frac{\mathrm{d}x}{\mathrm{d}t}\right) = \frac{\mathrm{d}^2 x}{\mathrm{d}t^2} \qquad \cdots\cdots\cdots\cdots\cdots \text{(1.3)}
$$

と書ける。加速度 a は位置 x の 2 階微分で表すことができる。

問題 1.3

　物体の速度 v が，$v = 3.0 - \dfrac{3}{4}t$ で表されるとする。ただし，初期位置 $x_0 = 0$ として，次の問いに答えよ。

(1) 速度 v の式を t で微分して物体の加速度 a を求めよ。

　　参照　x^n の微分 p.84 の式 (A.7)

(2) 速度の定義 $v = \dfrac{\mathrm{d}x}{\mathrm{d}t}$ より，$x = \displaystyle\int v\mathrm{d}t$ となる。速度 v の式を t で積分して物体の位置 x を t の関数で表せ。

　　参照　不定積分 p.90 の式 (A.16)，不定積分の性質 p.90 の式 (A.17)(A.18)，不定積分の基本公式 p.91 の式 (A.19)

(3) $x - t$ グラフ，$v - t$ グラフ，$a - t$ グラフを図示せよ。

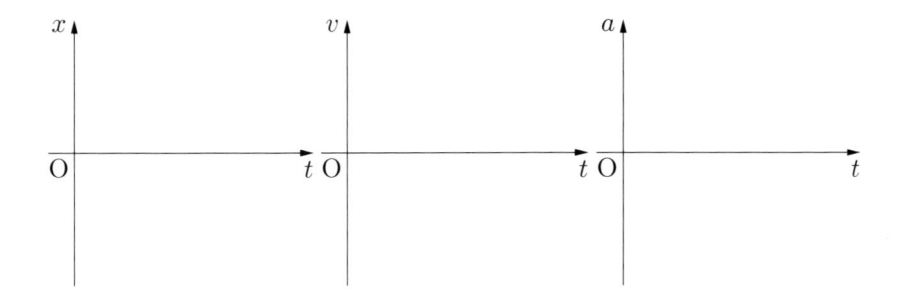

1.3　加速度が時間に比例して大きくなる場合

　自動車のアクセルを少しずつ踏んでいくとき，加速度が時間に比例して大きくなる場合が考えられる。これは等加速度直線運動ではないので，高校物理の教科書に載っている式を用いて計算することができないが，加速度の定義（式 (1.3)）を用いれば，時刻 t の速度 v や位置 x を計算することができる。

問題 1.4

　物体の加速度 a が，$a = 2t$ で表されるとする。ただし，初期位置 $x_0 = 0$ m，初速度 $v_0 = 2.0$ m/s として，次の問いに答えよ。

　 参照 　不定積分の基本公式 p.91 の式 (A.19)

(1) 加速度の定義 $a = \dfrac{\mathrm{d}v}{\mathrm{d}t}$ より，$v = \displaystyle\int a\,\mathrm{d}t$ となる。加速度 a の式を t で積分して物体の速度 v を t の関数で表せ。

(2) 速度 v の式を t で積分して物体の位置 x を t の関数で表せ。

(3) $t = 3.0$ s のとき，物体の位置を求めよ。

1.4　加速度が区間によって変化する場合

　人や車が走るときは，加速，等速，減速をしている区間に分けて考える

ことができる。高校物理でもこのような場合について考える演習問題がよく見られる。区間が変わるとき，位置は必ず連続的になるので，そのような式にならなければならない。これを考慮するためには，初期条件が重要になる。加速，減速は等加速度直線運動であるとして，位置，速度，加速度の時間変化のグラフがどのような形になるのか，問題を解きながら考えてみよう。

問題 1.5

　自動車が一直線の水平な道路を走行する。出発地点で止まっていた自動車は，時刻 $t = 0$ s において一定の加速度 $a(> 0)$ で運動し始め，時刻 $t = t_1$ になったら，自動車は等速直線運動し始めた。その後，時刻 $t = t_2$ になったら，一定の加速度 $b(< 0)$ で減速し始め，時刻 $t = t_3$ になったら停止した。

(1) 物体の加速度 $a(t)$ を t の関数として表せ。
(2) (1) の両辺を時刻 t で積分することで，物体の速度 $v(t)$ を t の関数として表せ。
(3) (2) の両辺を時刻 t で積分することで，物体の位置 $x(t)$ を t の関数として表せ。

問題 1.6

　物体の速度が次のような関数で与えられているとする。ただし，時刻 $t = 0$ のとき，原点 $x = 0$ にあるとする。

$$
v(t) = \begin{cases} 10t & (0 \leqq t \leqq 2) \\ 20 & (2 \leqq t \leqq 4) \\ -5t + 40 & (4 \leqq t \leqq 8) \end{cases}
$$

(1) 両辺を時刻 t で微分することで，物体の加速度 $a(t)$ を t の関数として表し，$a - t$ グラフを描け。
(2) 両辺を時刻 t で積分することで，物体の位置 $x(t)$ を t の関数として表し，$x - t$ グラフを描け。

1.5　加速度が位置によって変化する場合

　台車をロープで斜め上に引く場合を考える（図 1.5）。引く人が動かず
に静止していると，台車が人に近づくにつれて，水平方向の力が変化す
る。運動方程式 $ma = F$ より，引く力が変化すれば加速度が変化するの
で，台車の加速度も位置によって変化する。実際に実験した結果を見てみ
よう。台車をロープで斜め上に引いて台車が近づいてくると，図 1.6 上段
のように，水平方向の力は小さくなっていく。また，下段の速度の時間変
化のグラフを見てみると，グラフは右上がりになり少しずつ速くなってい
るものの，後半の傾きが緩やかになっている。速度の時間変化（$v - t$ グ
ラフ）の傾きが加速度であるから，加速度が小さくなっていることがわか
る。少し難しい問題になるが，チャレンジしてみよう。

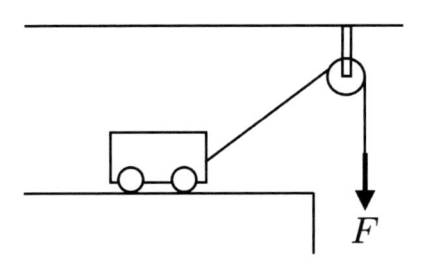

図 1.5　台車をロープで斜め上に引いたときのようす

15

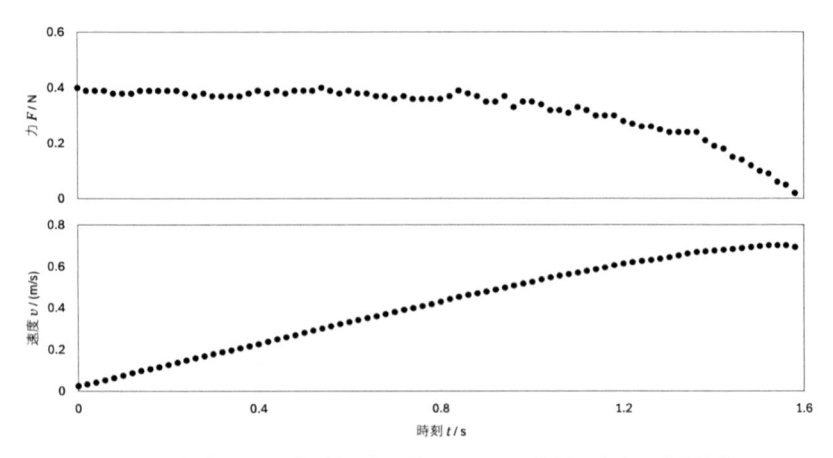

図 1.6　台車をロープで斜め上に引いたときの位置と速度の時間変化

問題 1.7

　水面上にロープのつけられたボートがあり，岸壁上の高さ h の地点から
ロープを一定の速さ V でたぐってボートを引き寄せる。図 1.7 のように
x 軸と y 軸をとったとき，ボートの位置が $x(> 0)$ のときのボートの速度
と加速度を求めよ。

参照　合成関数の微分：p.85 の式 (A.9)

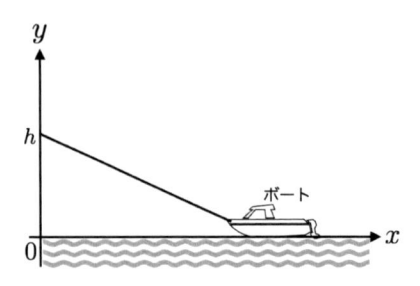

図 1.7　ボートをロープで引く問題の図

高校生に伝えたいこと①：

「微分を用いて速度や加速度が計算できる」ことを習得すると，何がなんでも微分で計算しようと考えてしまうかもしれない。しかし，大事なのは，速度加速度を微分で計算することで，それぞれの物理量が異なることを理解することである。特に，速度と加速度を混同して間違ってしまいがちであることに注意しよう。

第2章

運動方程式と微分方程式

運動方程式はニュートンの運動の第2法則を表している。加速度は速度の時間微分なので，運動方程式は微分方程式となる。簡単な微分方程式の解法を学び，微分方程式として運動方程式を捉えることで，物体に加わる力と運動の関係の理解を深めていこう。

2.1　高校物理で習う運動の法則

ニュートンの法則は，第 1 法則が慣性の法則，第 2 法則が運動の法則，第 3 法則が作用反作用の法則である。運動の法則は，「物体の加速度は，物体が外部から受けた力の向きに加速し，加速度の大きさは力の大きさに比例し，物体の質量に反比例する。」というものである。この運動の法則を式で表したものを運動方程式といい，物体の質量を m，物体の加速度を $\vec{a}$，物体が外部から受ける力の合力を $\vec{F}$ とすると，

$$m\vec{a} = \vec{F} \qquad \cdots\cdots\cdots\cdots\cdots\cdots (2.1)$$

と表される。加速度と力はベクトルで表記したが，一直線上の運動は単に，

$$ma = F \qquad \cdots\cdots\cdots\cdots\cdots\cdots (2.2)$$

と表される。高校物理で学ぶ式はこの形である。

さて，ここで，この運動の法則を理解できているかを確認をしてみよう。図 2.1 のように，右向きに走行している自転車が急ブレーキをかけた。このとき，自転車の「速度」「加速度」，自転車が受ける「合力」の向きはそれぞれどちら向きか。

図 2.1　自転車が急ブレーキをかけた場合

答えは，「速度：右，加速度：左，合力：左」である。では，速度と加速度の違いはわかっているだろうか。単位時間あたりの速度の時間変化が加速度である。つまり，物体に作用する力は加速度と同じ向きで比例関係に

あり，速度とは関係ないのである。しかし，日常生活では，力と速度が比例関係にあると勘違いしやすい。

2.2 微分方程式

前章で学んだ加速度が速度の時間微分であることを，運動方程式の中に取り込んでみよう。式 (1.3) より $a = \dfrac{\mathrm{d}v}{\mathrm{d}t}$ なので，運動方程式 (2.2) は，

$$m\frac{\mathrm{d}v}{\mathrm{d}t} = F$$ ⋯⋯⋯⋯⋯⋯⋯ (2.3)

となり，方程式に微分が含まれていることがわかる。このように微分が含まれる方程式を微分方程式という。運動方程式は微分方程式なので，微分方程式を計算できるようにすることで，運動方程式を別の観点で捉え，理解を深めることを目指そう。

微分方程式の中でも一番解きやすい変数分離形と呼ばれる微分方程式について考えてみよう。

$$\frac{\mathrm{d}y}{\mathrm{d}x} = \frac{f(x)}{g(y)}$$ ⋯⋯⋯⋯⋯⋯⋯ (2.4)

の一般解は

$$\therefore \int g(y)\mathrm{d}y = \int f(x)\mathrm{d}x + C$$

（証明）式 (2.4) を変形すると，

$$g(y)\frac{\mathrm{d}y}{\mathrm{d}x} = f(x)$$

$F(y) = \int g(y)\mathrm{d}y$ とおくと，y は x の関数であるから，合成関数の微分より，

$$\frac{\mathrm{d}F}{\mathrm{d}x} = \frac{\mathrm{d}F}{\mathrm{d}y}\frac{\mathrm{d}y}{\mathrm{d}x} = g(y)\frac{\mathrm{d}y}{\mathrm{d}x} = f(x)$$

左辺と右辺を x で積分すると，

$$F(y) = \int f(x)\mathrm{d}x + C$$

$$\therefore \int g(y)\mathrm{d}y = \int f(x)\mathrm{d}x + C$$

変数分離形微分方程式を解く練習をしてみよう。次の計算例題で，解法の手順を確認しよう。手順が理解できたら，問題演習をして理解できているか確認しよう。

計算例題 微分方程式 $\dfrac{\mathrm{d}y}{\mathrm{d}x} = \dfrac{x}{y}$ の一般解を求めよ。

（解）

まず，y を左辺に移行する。$y\dfrac{\mathrm{d}y}{\mathrm{d}x} = x$

両辺を x で積分する。$\displaystyle\int y\dfrac{\mathrm{d}y}{\mathrm{d}x}\mathrm{d}x = \int x\mathrm{d}x$

置換積分を利用して変形する。$\displaystyle\int y\mathrm{d}y = \int x\mathrm{d}x$

両辺，積分を実行する。$\dfrac{1}{2}y^2 = \dfrac{1}{2}x^2 + C$

なお，ここで，両辺ともに積分定数が出てくるが，左辺の積分定数を移行して右辺にまとめ，それを C とする。

$y = \pm\sqrt{x^2 + C_0}$　　ただし，$(C_0 = 2C)$

微分方程式の一般解では積分定数が未定なため，解は無数にある。これに $x = x_0$ のとき，$y = y_0$ を満たすなどの条件（これを初期条件という）のもとで解くとき，その解を特殊解という。

問題 2.1

次の微分方程式について，問いに答えよ。

(1) $\dfrac{\mathrm{d}y}{\mathrm{d}x} = 2xy$ の一般解を求めよ。$(y \neq 0)$

(2) $\dfrac{\mathrm{d}y}{\mathrm{d}x} = -x^2 y$ を初期条件 $(x = 0,\ y = 2)$ のもとで解け。

(3) $\dfrac{\mathrm{d}x}{\mathrm{d}t} = xt$ の一般解を求めよ。

ここで学んだ微分方程式を使って，中学校や高校で学ぶ等速直線運動や

等加速度直線運動について，次節で理解を深めよう。

2.3　等速直線運動・等加速度直線運動

　小学校・中学校で学習した等速直線運動とは，速さが一定で，一直線上を進む運動である。物体に外部から力がはたらいていないとき，または物体にはたらく力の合力が 0 のとき，物体は等速直線運動をする。一方，高校で学習した等加速度直線運動とは，加速度の大きさが一定で真っ直ぐ進む運動である。加速度が一定なので，速さが一定の割合で大きくなっていく。数式では，

$$v = v_0 + at$$

と表すことができる。ここで，v は速さ，v_0 は初速度（時刻 $t = 0$ のときの速さ），a は加速度，t は時刻である。また，物体の位置 x は，初期位置を 0 として，

$$x = v_0 t + \frac{1}{2} a t^2$$

と表すことができる。これらの式を，運動方程式を出発点として，導出してみよう。

問題 2.2

　質量 m の物体に力がはたらいていない場合の運動方程式を立てて，積分などを利用して物体の速度 v を時刻 t の関数で表せ。ただし，初速度を v_0（$t = 0$ のとき，$v = v_0$）とする。

問題 2.3

　質量 m の物体に重力 mg のみがはたらいて落下している場合の運動方程式を立てて，積分などを利用して物体の位置 x を時刻 t の関数で表せ。ただし，初速度を v_0，初期位置を x_0（$t = 0$ のとき，$v = v_0$，$x = x_0$）とする。

2.4　放物運動

　ボールを投げたり，机から物を落としてしまったりしたときの運動は，放物線を描く。これらは，物を放ったときの運動なので，放物運動という。ボールを斜め上に投げ出す運動を解析してみると，水平方向（位置 x）は等速直線運動となり，$x - t$ グラフは，1 次関数（図 2.2）で表される。また，鉛直方向（位置 y）は等加速度直線運動となり，$y - t$ グラフは，2 次関数で表される。では，前節で考えた，等速直線運動や等加速度直線運動の式と比較しながら，放物運動を考えてみよう。

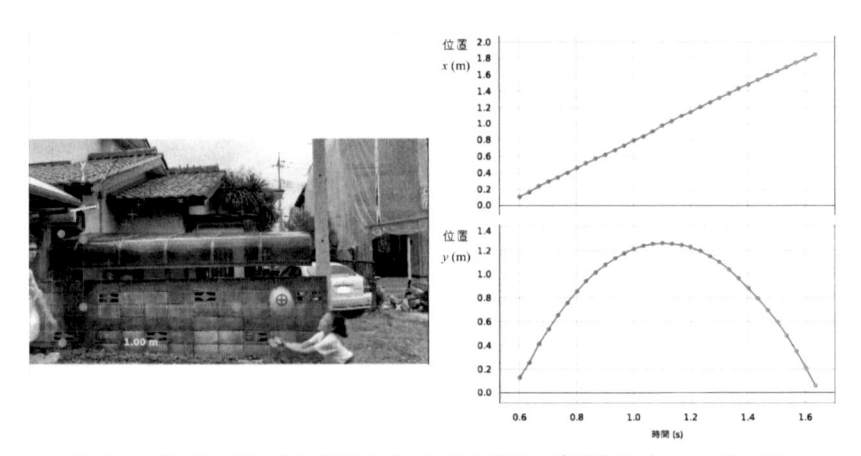

図 2.2　ボールを斜め上に投げ上げたときの位置の時間変化（$x - t$ グラフと $y - t$ グラフ）

問題 2.4

　地面に平行に x 軸，垂直上向きに y 軸をとり，原点 $(x_0, y_0) = (0,0)$ にある小物体が時刻 $t = 0$ に，初速度 $\vec{v_0} = \begin{pmatrix} v_{x0} \\ v_{y0} \end{pmatrix} = \begin{pmatrix} v_0 \cos\theta_0 \\ v_0 \sin\theta_0 \end{pmatrix}$ で打ち出されたものとする（図 2.3）。物体の加速度 $\vec{a} = \begin{pmatrix} a_x \\ a_y \end{pmatrix} = \begin{pmatrix} 0 \\ -g \end{pmatrix}$ である。ここで，$g(> 0)$ は重力加速度の大きさで定数とする。また，v_0, θ_0 は時刻 t に依存しない定数である。以下の問いに答えよ。

(1) 物体の加速度の x 成分，y 成分 a_x, a_y を時刻 t で積分して，時刻 t における速度の x 成分 v_x と y 成分 v_y の式をそれぞれ求めよ。

(2) 時刻 t における速度の x 成分，y 成分 v_x, v_y を時刻 t で積分して，座標 (x, y) を時刻 t の関数で表せ。

(3) 小物体の最高点の座標 $(x_{\max}, y_{\max})$ を求めよ。

補足 ベクトルの成分表示：ベクトルの成分を表すとき，$\vec{P} = (a, b)$ と表すこともあるが，本書では混乱を避けるため，$\vec{P} = \begin{pmatrix} a \\ b \end{pmatrix}$ の表現を用いる。

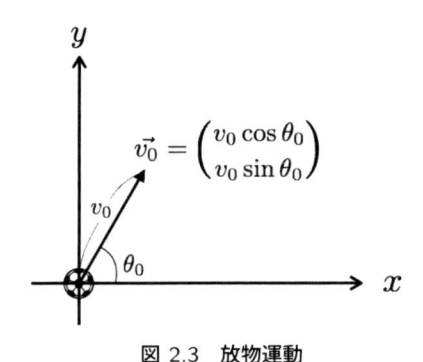

図 2.3 放物運動

2.5 空気抵抗を受ける運動

雨が降っているとき，雨粒は重力によって落下しているが，自由落下運動のように加速しておらず，地上ではほぼ等速になっていると考えられる。そのときの速度を終端速度という。速度 $v (> 0)$ で運動している物体が受ける空気抵抗力は $-kv$（k は比例定数）で表される。物体が空気抵抗を受けている場合について，微分方程式を用いて運動を考えてみよう。

まず，水平面に置かれた物体に，初速度を与えた場合を考えてみよう。物体には空気抵抗力だけがはたらき，減速していく。この場合について運動方程式を立てて，微分方程式を計算し，速度を求めてみよう。

問題 2.5

質量 m の物体が滑らかな水平面を空気抵抗を受けながら運動している (図 2.4)。時刻 $t = 0$ のときの速度 (初速度) を $v_0(> 0)$ とする。

(1) 物体の加速度を $\dfrac{dv}{dt}$ として，物体の運動方程式を書け。

(2) 変数分離形の微分方程式を解き，速度 v の一般解を求めよ。

$\boxed{\text{参照}}$ 変数分離形の微分方程式：p.21 の式 (2.4)

(3) 初期条件を用いて速度 v を t の関数で表せ。

(4) $v - t$ グラフ，および $v - t$ グラフの縦軸を $\log v$ に変えたときのグラフをそれぞれ描け。

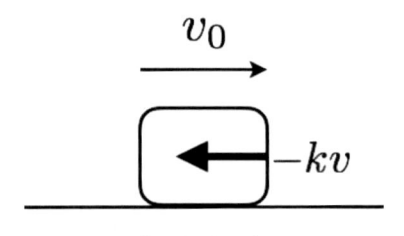

図 2.4　空気抵抗を受ける運動

次に，空気抵抗力のみが作用する場合から少し発展させて，物体が鉛直方向に落下する場合を考える。物体には重力と空気抵抗力がはたらく。この場合について運動方程式を立てて，微分方程式を計算し，速度を求めてみよう。

問題 2.6

質量 m の物体が空気抵抗を受けながら落下運動している (図 2.5)。時刻 $t = 0$ のときの速度 (初速度) を 0 とする。また，この問いでは鉛直下向きを正とする。

(1) 物体の加速度を $\dfrac{dv}{dt}$ として，物体の運動方程式を書け。

(2) 変数分離形の微分方程式を解き，$\left| v - \dfrac{mg}{k} \right|$ を t の関数を用いて表せ。

ただし，積分定数 C_0 を用いてよい。

(3) 初期条件を用いて速度 v を t の関数で表せ。

(4) $v - t$ グラフを描け。

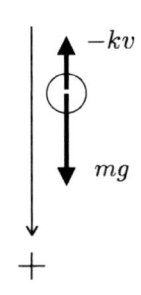

図 2.5 空気抵抗を受ける運動

ここまでで空気抵抗を受けた物体の速度は指数関数で表されることがわかった。ここで指数関数のグラフがどのように表されるか確認しておこう。

まず，$y = e^x$ のグラフは図 2.6 の (a) のように描かれる。$y = e^{-x}$ のグラフは $y = e^x$ と左右反転となるので，図 2.6 の (b) のように描かれる。$y = -e^{-x}$ のグラフは $y = e^{-x}$ と上下反転となるので，図 2.6 の (c) のように描かれる。$y = 1 - e^{-x}$ のグラフは $y = -e^{-x}$ から 1 だけ上にずれるので，図 2.6 の (d) のように描かれる。

図 2.6 の (d) の右側を見ると，値がほぼ一定になっている。これは，空気抵抗を受けて終端速度に達するということを示している。

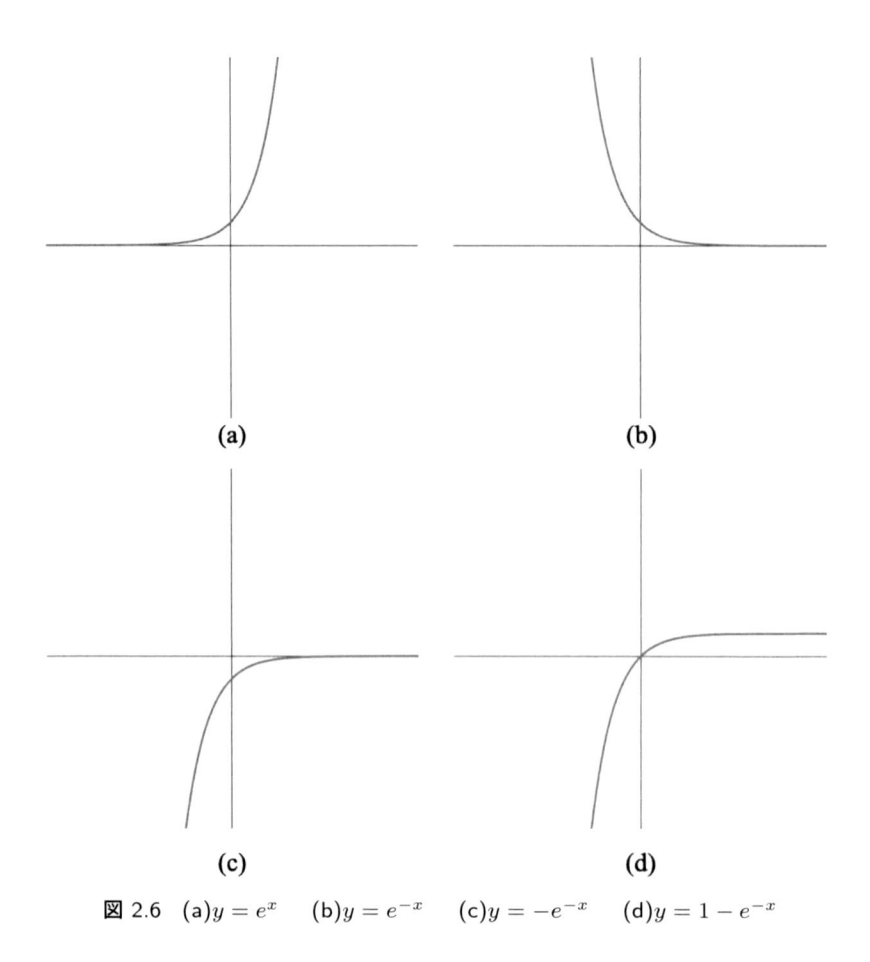

図 2.6　(a)$y = e^x$　　(b)$y = e^{-x}$　　(c)$y = -e^{-x}$　　(d)$y = 1 - e^{-x}$

高校生に伝えたいこと②：

　高校物理の力学では，キーワードとして，運動方程式，運動量保存則，エネルギー保存則，など色々な法則があるが，これら以外にも色々な「公式」が出てくる。大抵の高校生は，「この問題はこの公式で解く」ということを暗記して，問題演習をしているだろう。しかし，実は力学の原理はたくさんあるのではなく少数で一貫性があり，公式は，あくまで解きやすい方法で考えているに過ぎない。これを学ぶことで，物理に対する障壁が減ると考えている。

第 3 章

運動量と重心

　運動方程式を時間積分すると，「運動量の変化＝力積」という式となる。また，作用反作用の法則を積分して変形すると，運動量保存則になる。そして，物体系に外部から力積が加わらなければ運動量が変化しないときに，運動量保存が成り立つ。これらを学び，運動方程式や運動量についての理解を深めよう。

3.1　高校物理で習う運動量

　質量比 1:2 の台車 A と台車 B が逆向きに同じ速さで弾性衝突（力学的エネルギーが保存する場合の衝突）をする場合を考える。このとき，それぞれの台車の速度の時間変化（$v - t$ グラフ）はどうなるだろうか（図 3.1）。衝突する時間は短く，衝突している間の力の大きさは一定でない。このため，運動方程式 $ma = F$ から物体の加速度も一定ではなく，物体の運動を考えるのが難しい。そこで，運動方程式の左辺を運動量 mv の式に変形して，物体の運動を考えやすくする方法を学んだはずである。その方法は次節で復習しよう。また，質量保存則などと同様に，運動量でも運動量保存則という「保存則」を考えることができる。高校物理で学習する方法と，微積分の手法を使って導出する方法の両方で，運動量を考えていこう。

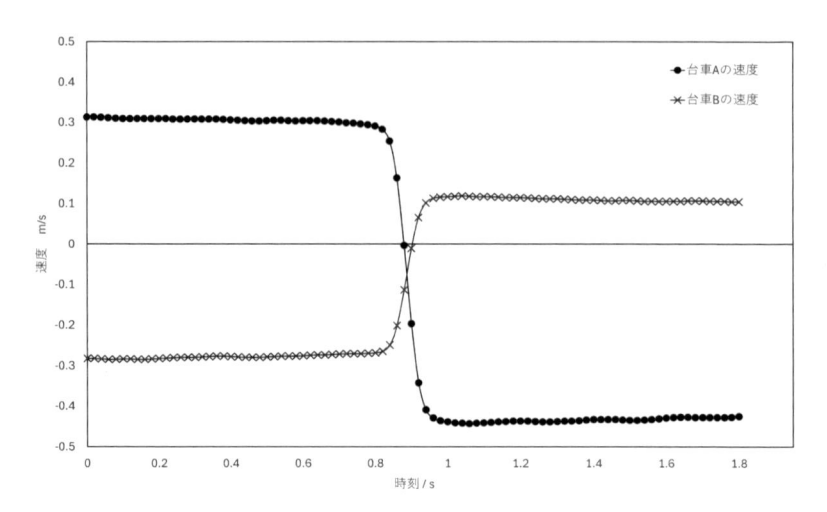

図 3.1　質量比 1:2 の台車 A と B が同じ速さで弾性衝突したときの速度の時間変化

3.2　運動量の原理

物体に力積（力と時間の積）を加えると，物体の運動量（質量と速度の積）が変化する。これを運動量の原理という。

質量 m の物体が力積 $\vec{I}$ を受けて速度 $\vec{v_1}$ が $\vec{v_2}$ になったとき，

$$mv_2 - mv_1 = \vec{I}$$

となる。

まずは，物体がある速度で動いていて，その方向に一定の大きさの力を受けた場合（一直線上の等加速度運動の場合）を考えてみよう。例えば，斜面上に台車を置いた場合や，鉛直投げ上げ（下げ）運動などが挙げられる。

問題 3.1

初速度 v_1 の質量 m の物体が，時間 Δt の間に一定の力 F を受けて，速度が v_2 となった。

(1) 物体の加速度 a を求めよ。
(2) 運動方程式の a に (1) の解を代入して，$F\Delta t$ を求めよ。

次に，先ほどと同様に物体がある速度で動いていて，その方向に一定の大きさの力を受けるが，力が時間によって変化する場合を考えよう。

問題 3.2

時刻 t_1 で速度 v_1 の質量 m の物体が，力 $F(t)$ を受けて，時刻 t_2 で速度が v_2 となった。

(1) 物体の運動方程式を書け。ただし，物体の加速度は $\dfrac{\mathrm{d}v}{\mathrm{d}t}$ で表すものとする。
(2) 運動方程式の両辺を t で積分し，運動量の変化が力積で与えられる

ことを示せ。ただし，区間を $[t_1, t_2]$ とし，時刻 t_1 のときの速度を v_1，時刻 t_2 のときの速度を v_2 とする。また，力積 $I = \displaystyle\int_{t_1}^{t_2} F(t)\mathrm{d}t$ とする。

3.3　運動量保存則

物体系に外部から力積が与えられなければ（外力が作用していないときは）系の運動量は保存される。

質量 m_A, m_B の物体 A と B が外力を受けずに，速度が v_A, v_B から v'_A, v'_B に変化したとき，

$$m_A v_A + m_B v_B = m_A v'_A + m_B v'_B$$

が成り立つ。

これが，作用反作用の法則の別の表現であることを確認する。

問題 3.3

時刻 t のとき質量 m_A, m_B の物体 A と B が速度 v_A, v_B で運動している。その直後，2 物体は衝突して速度がそれぞれ v'_A, v'_B となった。この衝突直後の時刻を t' とする。また，この問いでは図 3.2 の右向きを正とする。

(1) 衝突時における A が B から受ける力を $F_A(< 0)$，B が A から受ける力を $F_B(> 0)$ とする。このとき，F_A, F_B の間に成り立つ関係式を符号に気をつけて書け。

(2) 衝突時における物体の加速度をそれぞれ a_A, a_B として，物体 A, B それぞれの運動方程式を書け。

(3) (2) を (1) に代入した式を t で積分して運動量が衝突前後で保存していることを示せ。ただし，積分区間は $[t, t']$ とする。また，

$$a_A = \frac{\mathrm{d}v_A}{\mathrm{d}t}, \ a_B = \frac{\mathrm{d}v_B}{\mathrm{d}t} \ \text{であることを用いてよい。}$$

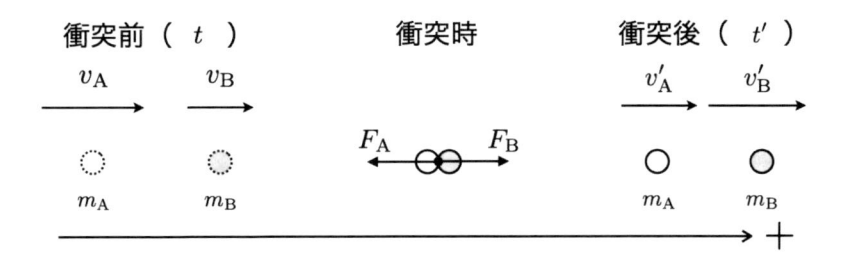

図 3.2 2 物体の運動量保存則

3.4 重心の速度

2 つの質点 m_1, m_2 が位置 x_1, x_2 にあるとする。このとき，重心の位置 x_G は，

$$x_G = \frac{m_1 x_1 + m_2 x_2}{m_1 + m_2}$$

で与えられる。このとき，重心の速度 v_G は以下のようになる。

$$v_G = \frac{m_1 v_1 + m_2 v_2}{m_1 + m_2}$$

問題 3.4

重心の位置 x_G を時刻 t で微分して，重心の速度 v_G の式を示せ。

問題 3.5

重心の速度 v_G が一定であれば，どんな法則が成り立つと言えるか。

　運動量保存則が成り立てば，2 物体の重心の速度は一定であることがわかった。2 物体間で押し合ったり，引き合ったりしている場合，互いにはたらく力を内力という。内力がはたらいていても外力が 0 であれば，2 物体の全運動量は一定である。これを運動量保存則という。もし，2 物体の全運動量が時間変化するならば，2 物体の外部から力（外力）を受けていることになる。

3.5　重心の運動方程式

　2 物体の重心の運動について考えてみよう。2 物体をまとめて考えたときには，外部から力 $F_{外}$ がはたらくと重心が加速すると考えられる。重心の質量は 2 物体の質量の合計であるから，重心の運動方程式は，以下のように表すことができる。

$$(m_1 + m_2)\frac{\mathrm{d}v_{\mathrm{G}}}{\mathrm{d}t} = F_{外}$$

問題 3.6

　質量が m_1, m_2 それぞれが外から受ける力を F_1, F_2 としたとき，それぞれの運動方程式から，重心の運動方程式を導出せよ。ただし，重心の加速度は $\dfrac{\mathrm{d}v_G}{\mathrm{d}t}$ とする。

3.6　相対運動方程式

　2 物体の相対運動について考えてみよう。物体 1 から見た物体 2 の加速度は，相対速度 $v_2 - v_1$ の時間変化なので，$\dfrac{\mathrm{d}(v_2 - v_1)}{\mathrm{d}t}$ と表すことができる。物体 2 が物体 1 から受ける力を F_{21} とすると，物体 1 から見た物体 2 の運動方程式は，以下のように表すことができる。

$$\mu \frac{\mathrm{d}(v_2 - v_1)}{\mathrm{d}t} = F_{21}$$

ここで，μ は換算質量と呼ばれる物理量であり，

$$\frac{1}{\mu} = \left(\frac{1}{m_1} + \frac{1}{m_2} \right)$$

である。

問題 3.7

2 物体の相対運動について，次の問いに答えよ。

(1) 質量 m_1, m_2 の物体 1, 2 が，それぞれ外から受ける力を F_1, F_2 としたとき，それぞれの運動方程式から，物体 1 から見た物体 2 の運動方程式（相対運動方程式）を導出せよ。ただし，相対加速度は $\dfrac{\mathrm{d}v_R}{\mathrm{d}t} \left(= \dfrac{\mathrm{d}}{\mathrm{d}t}(v_2 - v_1) \right)$ とし，物体 2 が物体 1 から受ける力を F_{21} とする。

(2) 質量 m_1, m_2 の物体 1, 2 が，それぞれ外から受ける力がないとき，物体 1 から見た物体 2 の運動方程式（相対運動方程式）はどのようになるか。ただし，換算質量 μ は，$\dfrac{1}{\mu} = \left(\dfrac{1}{m_1} + \dfrac{1}{m_2} \right)$ で定義されるとし，物体 2 が物体 1 から受ける力を F_{21} とする。

問題 3.8

質量 m の小さなおもりが，質量 $2m$ の板の左端の点 P に置かれており，おもりと板は一体となって滑らかな水平面上を右方向に進んでいる。おもりと板の間の動摩擦係数は μ'，重力加速度を g，右向きを正とする。

(1) 最初に図 3.3 のように右側に壁がある場合を考える。板が壁と弾性衝突した後，おもりが板の上で静止するまでの，板に対するおもりの相対加速度を求めよ。また，板が壁に衝突してから板とおもりが一体となって運動するまでの時間を求めよ。

(2) 板が壁に衝突してから板とおもりが一体となって運動するまでに，お

もりが板の端 P から進む距離を求めよ。

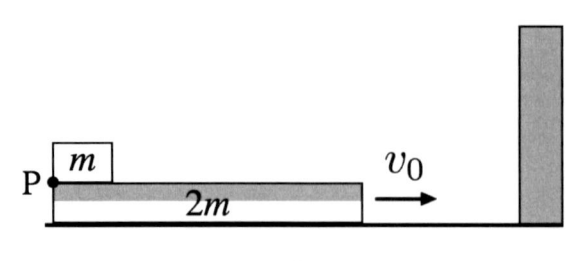

図 3.3　相対運動

高校生に伝えたいこと③：

　運動量やエネルギーを授業で教えた後に，「運動量って何ですか？」という質問を受けることがある。運動量は質量と速度の積なので簡単な計算で求められる。しかし，そんな質問をしてくれる生徒は，「質量と速度の積である」という回答を求めていないのだろうし，教科書に書いてある「物体の勢いを表す量」と言われても「？」という感じだろう。

　解析力学や相対性理論を学べば運動量の必要性がわかるかもしれないが，現段階では，「どんなときに運動量で考えるべきか」を考えてもらいたい。ある系（システム）の外部から力積が与えられなければ運動量は保存する。例えば，2 物体が衝突するときは運動量は保存する。しかし，エネルギーは保存しない場合がある。保存する物理量は大変便利なもので，こんなとき，運動量保存則を使って物体の運動を考えるべきである。

第4章
仕事とエネルギー

　エネルギーを考えるために，エネルギーの移動を表す仕事を考えてみよう。「仕事＝力 × 距離」と学習するが，力を空間積分したものが仕事である。この章では，運動方程式を空間積分して，エネルギーの原理について考えよう。物体系に外部から仕事を加えれば，物体系のエネルギーは増加する。また，中学校から学習している位置エネルギーを積分を用いて導出することで，理解を深めよう。

4.1　高校物理で習う仕事とエネルギー

　座椅子に使われているコイルばねをクランプで固定されたブックエンドに磁石で取り付け，他端に台車をあてる（図 4.1）。次に，台車ごとばねを 1 cm 縮めて台車を離し，速度測定器でばねが自然長に戻った直後の台車の速さを測定する。同様に，2, 3, 4, 5 cm 縮めた場合の台車の速さも測定すると，ばねを縮めるほど台車が速くなることがわかる。このとき，「台車はばねから仕事をされ，台車の運動エネルギーが増加した」と考える場合もあるし，「ばねの弾性力による位置エネルギーが台車の運動エネルギーに変換された」と考える場合もある。

　以下では，仕事の定義，仕事はエネルギーの移動（流れ）であるという観点，位置エネルギー（ポテンシャルエネルギー）について考え，具体的な問題についてエネルギー保存の観点で考えてみよう。

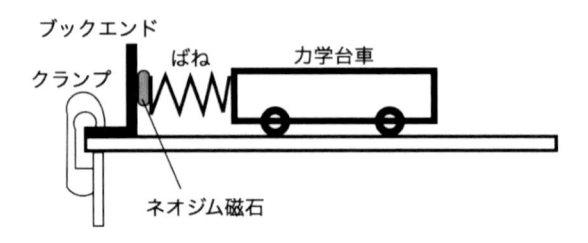

図 4.1　ばねがする仕事と台車の運動エネルギーの実験

4.2　仕事の定義

　歴史的には，ガリレイが「道具や機械を使ったとしても，力 × 移動距離という値は不変である」ということを発見し，これが後に，「仕事の原理」と呼ばれるようになった。この定義を再考してみよう。

① 物体に作用する力 F が一定かつ物体の変位が力と同じ向き $(\theta = 0)$ の場合

　物体に一定の大きさの力 F を加えて，物体の変位が力と常に同じ向き（力と変位のなす角 θ が常に 0）に Δr であった（図 4.2）。このとき，この力 F がした仕事 W を以下のように定義する。

$$W = F\Delta r \qquad\qquad \cdots\cdots\cdots\cdots\cdots\cdots (4.1)$$

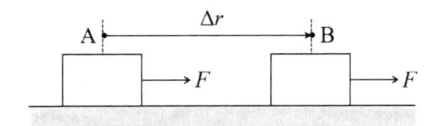

図 4.2　一定の大きさの力がする仕事（力と変位が同じ向きの場合）

② 物体に作用する力 F が一定かつ物体の変位が力と同じ向きとは限らない場合

　①と同様に，物体に一定の大きさの力 F を加えたら，物体が大きさ Δr だけ変位することを想定する。ただし，力と変位の向きは異なり，両者は一定の角 $\theta(\neq 0)$ をなすとしよう（図 4.3）。このとき，力の向きに移動した距離は $\Delta r \cos\theta$ となり，この力がした仕事 W を以下のように定義する。

$$W = F \cdot \Delta r \cos\theta = \vec{F} \cdot \Delta \vec{r} \qquad\qquad \cdots\cdots\cdots\cdots\cdots\cdots (4.2)$$

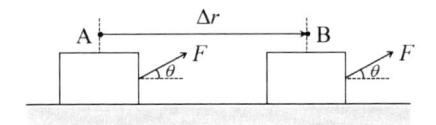

図 4.3　一定の大きさの力がする仕事（力と変位が同じ向きとは限らない場合）

　また，物体が移動した向きの力の成分は $F \cos \theta$ であるから，$W = F \cos \theta \cdot \Delta r$ と考えてもよいこととなる。

　この仕事の定義は，$\theta = 0$ とすれば式 (4.1) となる。力ベクトルと変位ベクトルが垂直な場合，$\theta = \dfrac{\pi}{2}$ とすれば $\cos \theta = 0$ となるので $W = 0$ になる。また，$\dfrac{\pi}{2} < \theta < \pi$ のときは，変位と逆向きの力の成分が表れるが，$\cos \theta < 0$ となるので，負の仕事となる。

③ 物体に作用する力 F が一定でなく，物体の変位と力のなす角が一定でない $(\theta \neq 0)$ 場合

　上記までは，物体に加える力の大きさ F や力と変位のなす角 θ が一定であったが，ここでは，それらが刻々と変化することを想定する。

　図 4.4 のように，経路を非常に小さな区間に分けてみよう。一つの区間に注目すれば F や θ は一定とみなすことができる。したがって，区間ごとの仕事を式 (4.2) の定義を用いて計算し，それらを足し合わせれば全体の仕事となる。

$$
\begin{aligned}
W &= F_1 \Delta r_1 \cos \theta_1 + F_2 \Delta r_2 \cos \theta_2 + \cdots + F_n \Delta r_n \cos \theta_n \\
&= \vec{F_1} \cdot \Delta \vec{r_1} + \vec{F_2} \cdot \Delta \vec{r_2} + \cdot + \vec{F_n} \cdot \Delta \vec{r_n} \\
&= \sum_{i=1}^{n} \vec{F_i} \cdot \Delta \vec{r_i}
\end{aligned}
$$

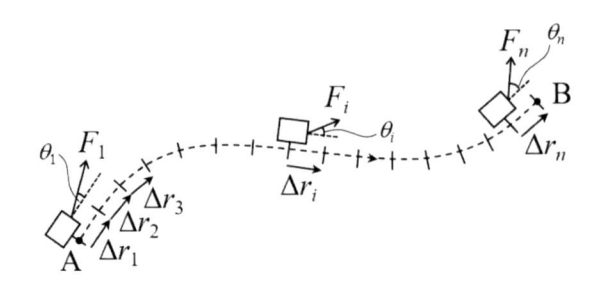

図 4.4　一定の大きさの力がする仕事（力と変位が同じ向きとは限らない場合）

区間の大きさを無限に小さくすれば，$\Delta \vec{r}$ は $\mathrm{d}\vec{r}$ となり，$\sum$ は $\int$ となる。すなわち，

$$W = \int_C \vec{F} \cdot \mathrm{d}\vec{r} \qquad\qquad \cdots\cdots\cdots\cdots\cdots\cdots (4.3)$$

となる。この演算を数学では線積分という。線積分の値は，一般に経路 C によって異なる。特に，経路 C が物体に作用する力 F と同一直線上にあり，位置 x が x_1 から x_2 まで変化したとき，

$$W = \int_{x_1}^{x_2} F(x)\mathrm{d}x \qquad\qquad \cdots\cdots\cdots\cdots\cdots\cdots (4.4)$$

と書ける。

問題 4.1

定積分を利用して，次のような場合の仕事をそれぞれ求めよ。

参照 定積分の定義 p.92 の式 (A.24)

(1) 質量 m の物体が空気抵抗を受けずに距離 h だけ落下した（図 4.5）。このとき，重力がした仕事を求めよ。

(2) 動摩擦係数 μ' の粗い水平面上に質量 m の物体が速度 v_0 で運動している。このときの物体の位置を 0 とする。この物体が位置 l まで移動したところ静止した（図 4.6）。物体が静止するまでに摩擦力が物体にした仕事を求めよ。

(3) 地面に垂直に立てたばね定数 k のばねに，物体を静かに置いたところ，ばねが自然長から l だけ縮んで静止した（図 4.7）。ばねが物体にした仕事を求めよ。

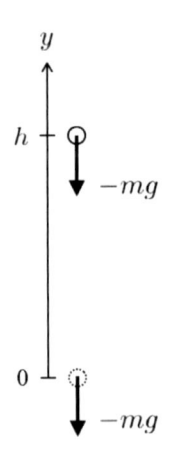

図 4.5　重力による仕事

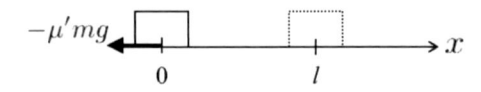

図 4.6　動摩擦力による仕事

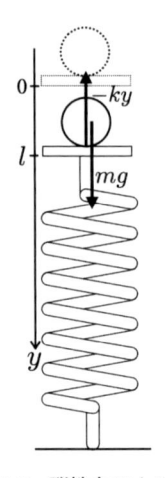

図 4.7　弾性力による仕事

問題 4.2

ばね定数 k のばねを天井から吊るし，下端に質量 m の物体を取り付ける。ばねが自然長となるように板を用いて物体を支え，そこからばねの伸びが $L(< \dfrac{mg}{k})$ となるまでゆっくりと（物体にはたらく力のつりあいを常に保ちながら）板を下げていった（図 4.8）。このとき，次の力がした仕事をそれぞれ求めよ。ただし，重力加速度の大きさを g とする。

(1) 物体が受ける重力
(2) 物体がばねから受ける弾性力
(3) 物体が板から受ける垂直抗力

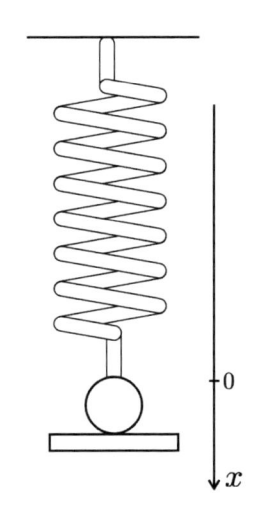

図 4.8　天井に取り付けられたばねで吊るされた物体

4.3　仕事と経路

式 (4.3) での経路 C が $y = f(x)(x_1 \leqq x \leqq x_2)$ と書けるとき，力ベクトル $\vec{F} = (F_x, F_y)$，位置ベクトル $\vec{r} = (x, y)$ とすると，式 (4.3) は，

$$W = \int_{x_1}^{x_2} \vec{F} \cdot \frac{\mathrm{d}\vec{r}}{\mathrm{d}x} \mathrm{d}x$$

$$= \int_{x_1}^{x_2} \left\{ F_x \cdot \frac{\mathrm{d}x}{\mathrm{d}x} + F_y \cdot \frac{\mathrm{d}y}{\mathrm{d}x} \right\} \mathrm{d}x$$

$$= \int_{x_1}^{x_2} \left\{ F_x + F_y \cdot \frac{\mathrm{d}f(x)}{\mathrm{d}x} \right\} \mathrm{d}x \qquad \cdots\cdots\cdots\cdots\cdots (4.5)$$

のように，通常の積分に帰着できる。

補足　経路 C が x 軸に平行であれば $f(x) = $ 一定であるので，$\frac{\mathrm{d}f(x)}{\mathrm{d}x} = 0$ となる。よって，式 (4.5) は式 (4.4) のように書ける。

問題 4.3

　質量 m の物体をクレーン車に吊るし，図 4.9 のように $x - y$ 平面上の点 A$(L, 0)$ から点 B$(2L, L)$ まで移動させた。ただし，物体には常に一定の大きさ mg (g は重力加速度の大きさを表す) の重力が y 軸の負の向きにはたらいているとする。すなわち，物体にはたらく重力は $\vec{F} = (0, -mg)$ と書ける。物体にはたらく重力がする仕事をそれぞれの経路において求めよ。

(1) 経路 C_1：直線的に進む。

(2) 経路 C_2：点 A から原点 $(0, 0)$ まで直線的に進んだ後，点 B まで直線的に進む。

(3) 経路 C_3：曲線 $y = \dfrac{1}{L}x^2 - 2x + L$ に沿って進む。

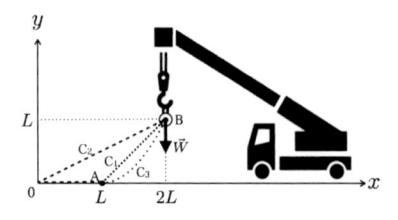

図 4.9　クレーンで物体を動かすときの仕事

重力による仕事は経路によらないことがわかる。このように仕事が経路によらない場合の力を保存力という。

4.4 エネルギーの原理

運動エネルギーの変化は物体が仕事を受けることで与えられる。これをエネルギーの原理という。このことから，質量 m，速度 v_0 の物体が，外から仕事 W を与えられて速度が v になったとき，

$$\frac{1}{2}mv^2 - \frac{1}{2}mv_0^2 = W \quad \cdots\cdots\cdots\cdots\cdots\cdots (4.6)$$

で与えられる。

まずは，物体がある速度で動いていて，その方向に一定の大きさの力を受けた場合（等加速度直線運動の場合）を考えてみよう。

問題 4.4

原点（位置 0）にある質量 m 物体が，一定の力 F を受けて，位置 l まで移動した（図 4.10）。このときの加速度を a とする。また，物体の初速度 v_0，位置 l にいるときの速度を v とする。

(1) 物体の運動方程式を書け。
(2) 運動方程式の両辺に l をかけて，等加速度直線運動の式 $v^2 - v_0^2 = 2al$ を用いて，運動エネルギーの変化が仕事で与えられることを示せただし，仕事 $W = Fl$ とする。

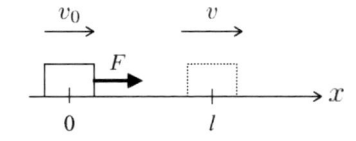

図 4.10 等加速度直線運動の場合の物体がされた仕事

　次に，力が位置によって変化する場合を考えてみよう。

問題 4.5

　時刻 t_1 に位置 x_1 にある質量 m の物体が，力 $F(x)$ を受けて，時刻 t_2 に位置 x_2 まで移動した（図 4.11）。

(1) 物体の運動方程式を書け。ただし，物体の加速度は $\dfrac{\mathrm{d}v}{\mathrm{d}t}$ で表すものとする。

(2) 運動方程式の両辺に v をかけて区間 (t_1, t_2) で（変数 t で）積分し，運動エネルギーの変化が仕事で与えられることを示せ。ただし，区間を $[t_1, t_2]$ とし，時刻 t_1 のときの速度を v_1，時刻 t_2 のときの速度を v_2 とする。また，仕事 $W = \displaystyle\int_{x_1}^{x_2} F(x)\mathrm{d}x$ とする。

　　参照 | 置換微分：p.91 の式 (A.23)

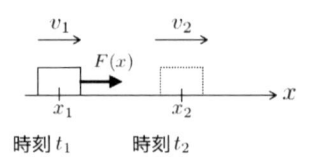

図 4.11　一般的な場合の物体がされた仕事

4.5　ポテンシャルエネルギー

　物体が任意の点 O から点 P まで動くときに，力 F がする仕事 W が経路によらず一定であれば，F を保存力という。また，物体が点 O にいるときは余分にエネルギー（仕事をする能力）をもっていると考えられ，これをポテンシャルエネルギー（位置エネルギー）という。ポテンシャルエネルギー $U(x)$ は，保存力 F が位置 x から基準位置 x_0 まで動く間にする仕事，または保存力に逆らう力 $-F$ が基準位置 x_0 から位置 x までにする仕事である。

$$U(x) = \int_x^{x_0} F \mathrm{d}x = -\int_{x_0}^x F \mathrm{d}x \qquad \cdots\cdots\cdots\cdots\cdots\cdots \quad (4.7)$$

① 地上の重力による位置エネルギー

まず，地上の高さを基準としたとき，地上から高さ h にある物体があるときの重力による位置エネルギーを考えてみよう。

問題 4.6

高さ h にある質量 m の物体の重力による位置エネルギーを求めよ（図 4.12）。ただし，高さ 0 の位置をエネルギーの基準とし，重力加速度を g とする。

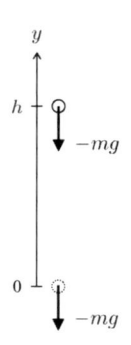

図 4.12　高さ h にある質量 m の物体の重力による位置エネルギー

② 弾性力による位置エネルギー

次に，物体に取り付けたばねが x 伸びている（縮んでいる）とき，弾性力による位置エネルギーを考えてみよう。

問題 4.7

ばね定数 k のばねの一端を壁に固定し，他端に物体を取り付ける。ばね

49

を自然長から x だけ伸びているときの弾性力による位置エネルギーを求めよ（図 4.13）。ただし，自然長のときのエネルギーの基準とする。

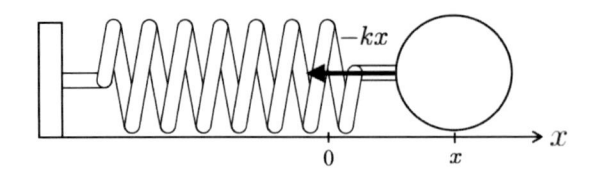

図 4.13　弾性力による位置エネルギー

③ 万有引力による位置エネルギー

　ここでは，質量 m の物体が，質量 M の物体から距離 r だけ離れているときにもつエネルギーを考えてみよう。

問題 4.8

　原点にある質量 M の物体から，距離 r 離れた質量 m の物体の万有引力による位置エネルギーを求めよ（図 4.14）。ただし，質量 M の物体から無限遠の位置をエネルギーの基準とする。

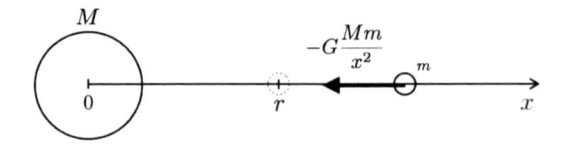

図 4.14　万有引力による位置エネルギー

4.6 落下運動における運動方程式とエネルギー保存則

物体が落下する場合，重力による位置エネルギー mgh が，運動エネルギー $\frac{1}{2}mv^2$ に変換される。その和は常に一定で，このことを「力学的エネルギーが保存される」という。物体が落下運動する場合の運動方程式を変形して，エネルギー保存の式を示してみよう。

問題 4.9

質量 m の物体が高さ x にある。重力加速度を g として以下の問いに答えよ。鉛直上向きを正とする。

(1) 物体の加速度を $\dfrac{\mathrm{d}v}{\mathrm{d}t}$ として運動方程式を書け。

(2) (1) の式の両辺に $v = \dfrac{\mathrm{d}x}{\mathrm{d}t}$ をかけて t で積分し，力学的エネルギー保存の式を示せ。

4.7 粗い面上に置かれた物体をおもりで引く運動

ここでは，高校物理で定番の問題である，粗い面上に置かれた物体をおもりで引く運動について考えてみよう。

問題 4.10

粗い面上に質量 m の物体が，軽い糸で滑車にかけて質量 M のおもりにつないである（図 4.15）。重力加速度を g，面と物体との間の動摩擦係数を μ' として以下の問いに答えよ。

(1) 物体の加速度を $\dfrac{\mathrm{d}v}{\mathrm{d}t}$ として運動方程式を書き，物体の加速度を求めよ。

(2) (1) の運動方程式の T を消去してから，両辺に $v = \dfrac{\mathrm{d}x}{\mathrm{d}t}$ をかけて t で積分し，エネルギーの原理の式（運動エネルギーの変化＝外から受けた仕事）を示せ。ただし，時刻 $t = t_0$ のときの速度を v_0，位置を 0 とし，時刻 $t = t_1$ のときの速度を V，位置を l として，区間 $[t_0, t_1]$ で考えるものとする。

(3) 静止している物体が距離 l だけ移動したときの物体の速さを求めよ。

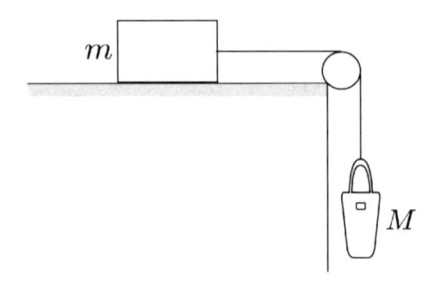

図 4.15　粗い面上に置かれた物体をおもりで引く運動

4.8　重心運動エネルギーと相対運動エネルギー

質量 m_1, m_2 の 2 物体の速度がそれぞれ v_1, v_2 で与えられるとき，2 物体系の運動エネルギーの和は以下のように表される。

$$\frac{1}{2}m_1 v_1^2 + \frac{1}{2}m_2 v_2^2$$

この系のエネルギーを 2 物体の重心運動エネルギーと相対運動エネルギーの和として考えることができる。まず，重心運動エネルギーを考えてみよう。

質量 m_1, m_2 の 2 物体の重心運動エネルギー K_G は，重心の速度 $v_G \left(= \dfrac{m_1 v_1 + m_2 v_2}{m_1 + m_2} \right)$ であるとき，以下のように与えられる。

$$K_\mathrm{G} = \frac{1}{2}(m_1 + m_2)v_\mathrm{G}^2$$

次に，相対運動エネルギーについて考えてみよう。質量 m_1，速度 v_1 の物体から見た質量 m_2，速度 v_2 の物体の相対運動エネルギー K_R は，以下のように与えられる。

$$K_\mathrm{R} = \frac{1}{2}\left(\frac{1}{m_1} + \frac{1}{m_2}\right)^{-1}(v_2 - v_1)^2$$

ここで，$\left(\dfrac{1}{m_1} + \dfrac{1}{m_2}\right)^{-1}$ は換算質量なので，μ と置く。また，相対速度を $v_R(= v_2 - v_1)$ と置いて，2 物体系の運動エネルギーの和と 2 物体の重心運動エネルギーと相対運動エネルギーの和が等しいことを式で表すと，

$$\frac{1}{2}m_1 v_1^2 + \frac{1}{2}m_2 v_2^2 = \frac{1}{2}(m_1 + m_2)v_\mathrm{G}^2 + \frac{1}{2}\mu v_\mathrm{R}^2$$

と表される。

例題

例えば，2 物体系に外力がないのに，エネルギーが保存しない場合（例：2 物体間の摩擦だけで速度が減衰する場合）を考えてみよう。外力がないので，重心の運動エネルギーは変化せず，相対運動エネルギーだけが減少する。この減少分は熱として外部に放出されたと考えられる。

図 4.16 のように，摩擦のない水平面上に置かれた質量 m の板の上に，質量 $2m$ の物体が置かれており，板と物体の間の動摩擦係数を μ' であるとする。板と物体の初速度をそれぞれ，$v_0, 2v_0$ で運動させると，板の上を物体が距離 l だけ滑り，その後は一体となって運動した。この l を求める問題を考えてみよう。このとき，板と物体を系として考えると，系の外部から力がはたらいていないので，系の重心の速度は変わらない。すなわち，系の重心運動エネルギーは変化しない。よって，系のエネルギーのうち相対運動エネルギーが減少し，摩擦熱（=動摩擦力による仕事）が生じ

ると考えられるここで，換算質量 μ は $\left(\dfrac{1}{m}+\dfrac{1}{2m}\right)^{-1}$ ，板から見た物体の相対速度 v_{R} は $2v_0 - v_0$ なので，

$$\frac{1}{2}\left(\frac{1}{m}+\frac{1}{2m}\right)^{-1}(2v_0 - v_0)^2 = \mu'(2m)gl$$

と書ける。よって，$l = \dfrac{v_0^2}{6\mu' g}$ と求められる。

　次に，相対運動エネルギーで考えずに，高校物理で学習する 2 物体それぞれの運動エネルギーで考える場合も確認しておこう。エネルギー保存の式は，

$$\frac{1}{2}mv_0^2 + \frac{1}{2}(2m)(2v_0)^2 - \mu'(2m)gl = \frac{1}{2}(m+2m)V^2$$

となる。ここで，一体となって運動しているときの速度を V とした。この V は運動量保存則から求められ，以下のように表される。

$$mv_0 + 2m \cdot 2v_0 = (m+2m)V$$

この式から，$V = \dfrac{5}{3}v_0$ となるから，これをエネルギー保存の式に代入すれば，$l = \dfrac{v_0^2}{6\mu' g}$ と求められる。なお，ここで考えた V は重心の速度 v_{G} である。

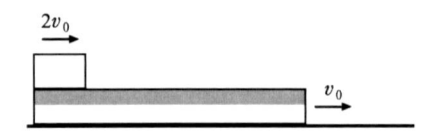

図 4.16　水平面上に置かれた板上を滑る物体

問題 4.11

　重心運動エネルギーと相対運動エネルギーの合計が 2 物体それぞれの運動エネルギーの和であることを示せ。

高校生に伝えたいこと④：

運動量とエネルギーの違いがよくわからない，という生徒は多い。違いを列挙していこう。式で書けば mv と $\frac{1}{2}mv^2$ で形が異なる。運動量はベクトル量で，エネルギーはスカラー量である。これらに加えて積分の考え方を取り入れよう。運動方程式を時間積分したものが「運動量の変化＝力積」という式になる。また，運動方程式を空間積分したものが「運動エネルギーの変化＝仕事」という式になる。

力学の範囲だけで考えれば，出発点はどちらも運動方程式であって，物体が力をどれだけの時間受けたかで変化するのが運動量，どれだけの距離の間受けたかで変化するのが運動エネルギーだとも考えられる。

第5章

単振動

　単振動とは単純な振動である。単振動の位置，速度，加速度はそれぞれ微分・積分の関係になっているので，式を導出してみよう。また，単振動の運動方程式を立て，その微分方程式を解くことで，位置が三角関数で表されることについて示してみよう。別々に覚えていた単振動の運動方程式と単振動の位置，速度，加速度の式がつながってくるはずである。

5.1　高校物理で習う単振動の位置・速度・加速度

　単振動は単純な振動と書く。ばねにおもりをつけたとき振動や，振れ幅の小さい振り子は単振動と考えられる。摩擦が無視できる台車にばねをつけて，水平に振動させてみると，台車の位置，速度，加速度は図 5.1 の (a),(b),(c) のようになる。同時に，台車がばねから受ける力を測定してみると，運動方程式 $ma = F$ から，図 5.1 の (d) のように，加速度と同じ波形であることがわかる。

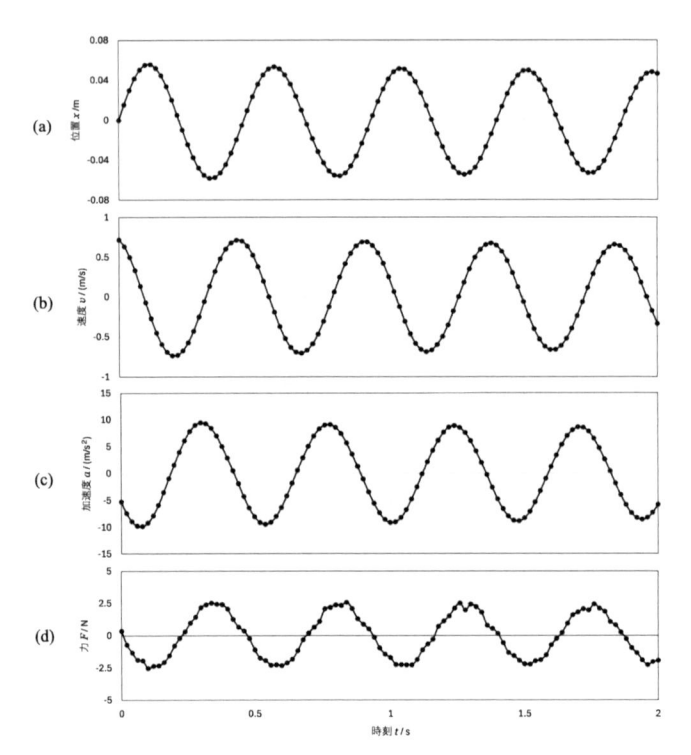

図 5.1　台車が単振動しているときの，(a) 位置，(b) 速度，(c) 加速度，(d) 力の時間変化

　図 5.1 から，単振動は $y = \sin x$ のような三角関数で表現できそうである。位置 x，速度 v，加速度 a はそれぞれ時刻 t の関数なので，振幅を A，角振動数を ω として，以下のように表すことができる。

$$x = A\sin(\omega t + \phi_0) \qquad \cdots\cdots\cdots\cdots\cdots\cdots \quad (5.1)$$

$$v = A\omega\cos(\omega t + \phi_0) \qquad \cdots\cdots\cdots\cdots\cdots\cdots \quad (5.2)$$

$$a = -A\omega^2\sin(\omega t + \phi_0) \qquad \cdots\cdots\cdots\cdots\cdots\cdots \quad (5.3)$$

　ただし，ϕ_0 は初期位相といい，$t = 0\mathrm{s}$ での位相（振動の状態）を表す。ばねが自然長のとき $(x = 0)$ かつ，これからばねが伸び始めるならば，初期位相 ϕ_0 は 0 である。

問題 5.1

　物体が位置 $x = A\sin(\omega t + \phi_0)$ で表される運動をしているとして，以下の問いに答えよ。

(1) 物体の速度 v を位置 x の式を時刻 t で微分することで求めよ。

(2) 物体の加速度 a を速度 v の式を時刻 t で微分することで求めよ。

5.2　運動方程式とエネルギー保存則

　単振動の運動方程式を積分することで，エネルギー保存の式を示してみよう。

問題 5.2

　滑らかで水平な床に置かれた質量 m の物体が，他端を壁に固定したばね定数 k のばねにつながれて x 軸上を振動している。ばねの自然長の位置を $x = 0$ として，以下の問いに答えよ。

(1) 物体の加速度を $\dfrac{\mathrm{d}^2 x}{\mathrm{d}t^2}$ として，物体の運動方程式を書け。

(2) $\dfrac{\mathrm{d}^2 x}{\mathrm{d}t^2} = \dfrac{\mathrm{d}v}{\mathrm{d}t}$ で置き換え，さらに運動方程式の両辺に $v = \dfrac{\mathrm{d}x}{\mathrm{d}t}$ をかけて t で積分し，力学的エネルギーが保存することを示せ。

5.3　水平ばね振り子の位置 x を表す式

高校物理では，実験結果から，単振動の位置が三角関数であることを使って，$x = A\sin(\omega t + \phi_0)$ を考えた。ここでは，運動方程式やエネルギー保存則からスタートして，単振動の位置 x が三角関数で与えられることを示してみよう。

> 質量 m の物体が位置 x にいるとき，運動方程式が
> $$m\dfrac{\mathrm{d}^2 x}{\mathrm{d}t^2} = -kx$$
> で記述されるとき，位置 x の一般解は，
> $$x = A\sin\left(\sqrt{\dfrac{k}{m}}\,t + \phi_0\right)$$
> で与えられる。ここで，A は振幅，ϕ は初期位相という。

問題 5.3

問題 5.2 と同様の状況を考えて以下の問いに答えよ。

(1) 問題 5.2(2) での積分定数を $\dfrac{1}{2}kA^2$ と置いて，v を求めよ。（積分定数を $\dfrac{1}{2}kA^2$ と置くのは，計算を簡単にするためであるが，ばねが振幅 A だけ伸びた（縮んだ）ときは速度が 0 で，運動エネルギーが 0 なので，現象からも適当だと考えられる。）

(2) $v = \dfrac{\mathrm{d}x}{\mathrm{d}t}$ と置き換えて微分方程式を解き，x を求めよ。

$\boxed{\text{ヒント}}$ $x = A\sin\theta$ と置換すると積分できる。

5.4 鉛直ばね振り子

ばねを鉛直方向に振動させる場合，物体にはたらく重力を考える必要がある。しかし，少し工夫することで水平ばね振り子と同じように考えることができる。ここでは，運動方程式を変形して，水平ばね振り子と同じような式になることを用いて，計算してみよう。

問題 5.4

質量 m の物体を，他端を天井に固定してばね定数 k のばねに吊るす。鉛直下向きに x 軸をとり，物体は x 軸上を振動している。ばねの自然長の位置を $x = 0$ とする。重力加速度を g として，以下の問いに答えよ。

(1) 物体の加速度を $\dfrac{\mathrm{d}^2 x}{\mathrm{d}t^2}$ として，物体の運動方程式を書け。

(2) $X = x - \dfrac{mg}{k}$ として，物体の運動方程式を書け。このとき，$\dfrac{\mathrm{d}^2 x}{\mathrm{d}t^2}$ も X を用いて書き直すこと。

(3) 微分方程式を解き，x の一般解を求めよ。

5.5 動摩擦力が作用する場合の水平ばね振り子

ばねの振動は，抵抗力によって減衰し，いつかは止まってしまう（図5.2）。ここでは，動摩擦力によって振動が減衰してしまう場合の一例を考えていく。まずは，振動が折り返すまでの物体の運動について考えてみよう。

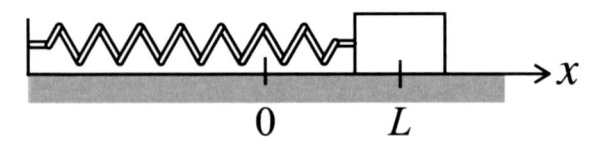

図 5.2　台車が動摩擦力によって振動が減衰していく場合

問題 5.5

　動摩擦係数 μ' の粗い水平面に置かれた質量 m の物体が，他端を壁に固定したばね定数 k のばねにつながれている。水平右向きを x 軸とし，ばねの自然長の位置を $x = 0$ とする。時刻 $t = 0$ のとき，$x = L(> 0)$ で物体を静かに放した。その後，何度か振動を繰り返して静止した。重力加速度を g として，以下の問いに答えよ。

(1) 物体の加速度を $\dfrac{\mathrm{d}^2 x}{\mathrm{d}t^2}$ として，物体が負の向きに動いているときの物体の運動方程式を書け。

(2) $X = x - \dfrac{\mu' m g}{k}$ として，物体の運動方程式を書け。このとき，$\dfrac{\mathrm{d}^2 x}{\mathrm{d}t^2}$ も X を用いて書き直すこと。

(3) 物体を放してから物体が折り返すまでについて，微分方程式を解き，x を時刻 t の関数で表せ。ただし，この問いでは，初期位相 $\phi = \dfrac{\pi}{2}$ として，$\sin\left(\theta + \dfrac{\pi}{2}\right) = \cos\theta$ であることを用いてよい。

(4) x を t で微分し，物体の速度 v を時刻 t の関数で表せ。

(5) 物体が折り返すときの時刻を求めよ。ヒント：物体が折り返すとき $v = 0$

(6) 物体が折り返すときの位置 x_1 を求めよ。

　次に，物体が折り返した後を考えてみよう。

問題 5.6

　前問と同様の状況を考えて，物体が折り返した後について，以下の問いに答えよ。

(1) 物体の加速度を $\dfrac{\mathrm{d}^2 x}{\mathrm{d}t^2}$ として，物体が正の向きに動いているときの物体の運動方程式を書け。

(2) $X' = x + \dfrac{\mu' mg}{k}$ として，物体の運動方程式を書け。このとき，$\dfrac{\mathrm{d}^2 x}{\mathrm{d}t^2}$ も X' を用いて書き直すこと。

(3) 物体が折り返してから，再度折り返すまでについて，微分方程式を解き，x を時刻 t の関数で表せ。ただし，この問いでは，初期位相 $\phi = \dfrac{\pi}{2}$ として，$\sin(\theta + \dfrac{\pi}{2}) = \cos\theta$ であることを用いてよい。

(4) この振動の $x - t$ グラフを $0 < t < 2\pi\sqrt{\dfrac{m}{k}}$ の範囲で描け。

高校生に伝えたいこと⑤：

　単振動は $x = A\sin\omega t$ だから，$v = A\omega\cos\omega t$ で……と暗記する高校生は少なくないだろう。しかし，位置 x の時間微分が速度 v だから，$v = A\omega\cos\omega t$ である，と考える方が楽ではないだろうか。「理科は暗記」という考えから脱却してもらいたい。

第6章

座標変換と円運動

　高校物理の円運動の運動方程式は，極座標系にしたときの r 方向について考えていただけである。この章では，速度や加速度を極座標表示に変換し，円運動の運動方程式について考えてみよう。θ（接線）方向についての運動方程式は，エネルギー保存の式に変形することができる。これらを用いて高校物理で考えた演習問題を再考してみよう。

6.1　高校物理で習う円運動の速度・加速度

　図 6.1 のように，円の一部が途切れているレールの内側を沿わせて小球を位置 A から位置 B へ運動させる。位置 B を通過した後，小球はどのような運動をするか。

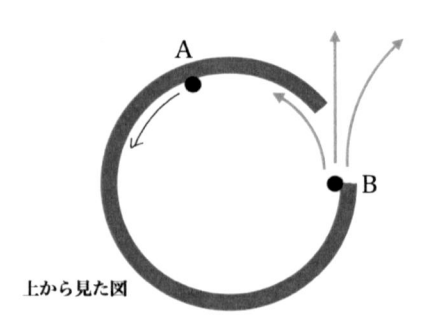

図 6.1　レールの内側を円運動する小球

　慣性の法則から，力を受けていなければ物体は等速直線運動をするので，直進するという結果になる。運動を維持するから，円に沿って運動すると考えてしまったかもしれないし，遠心力を受けるはずだから，円の外側に運動していくと考えてしまったかもしれない。物体が円運動しているときは，同じ「速さ」であっても向きが変わるので，速度は同じではない。物体は外部から力を受けて，加速しているのである。この場合，小球はレールから円の中心向きの力を受けて，円の中心向きの加速度をもつ。

> 等速円運動における物体の速度の大きさと加速度の大きさは，
>
> $$|v_\theta| = r\omega, \ |a_r| = r\omega^2 \qquad \cdots\cdots\cdots\cdots\cdots\cdots (6.1)$$

ここで添え字の θ は円の接線方向，r は円の法線方向（円の中心から物体向き）という意味である。よって，円運動を考えるときは，これまでのようなデカルト座標系 (x, y) でなく，極座標系 (r, θ) を考えた方がよさそう

である。

6.2　位置・速度・加速度の極座標表示

　位置，速度，加速度について，極座標でどのように表されるのか考えてみよう。

①位置の極座標表示
　平面の座標は，デカルト座標では (x, y)，極座標では (r, θ) で表される（図 6.2）。

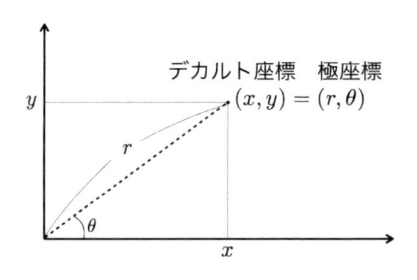

図 6.2　デカルト座標と極座標

問題 6.1

　物体が位置 (x, y) にいるとき，x，y を r，θ を用いて表せ。

②速度の極座標表示
　平面での速度は，デカルト座標では $\begin{pmatrix} v_x \\ v_y \end{pmatrix}$，極座標では $\begin{pmatrix} v_r \\ v_\theta \end{pmatrix}$ と表される。それぞれの成分がどのように表されるのかを考えてみよう。

問題 6.2

　位置 $(x, y) = (r, \theta)$ にある物体が速度 v で運動しているとする（図 6.3）。速度 v の x 成分を v_x，y 成分を v_y とする。以下の手順に従って速

度の r 成分 v_r，θ 成分 v_θ を r, θ, t を用いて表せ。

(1) v_x, v_y を図示せよ。

(2) $v_x = \dfrac{\mathrm{d}x}{\mathrm{d}t}$ であることから，v_x を $r, \theta, \dfrac{\mathrm{d}r}{\mathrm{d}t}, \dfrac{\mathrm{d}\theta}{\mathrm{d}t}$ の中から必要なものを用いて表せ。

　参照　積の微分法：p.85 の式 (A.8)，合成関数の微分：p.85 の式 (A.9)，$\cos x$ の微分：p.86 の式 (A.11)

(3) $v_y = \dfrac{\mathrm{d}y}{\mathrm{d}t}$ であることから，v_y を $r, \theta, \dfrac{\mathrm{d}r}{\mathrm{d}t}, \dfrac{\mathrm{d}\theta}{\mathrm{d}t}$ の中から必要なものを用いて表せ。

(4) 速度 v を極座標 (r, θ) 方向に分解したとき，それぞれの速度の大きさを v_r, v_θ とする。v_r, v_θ を図 6.3 と図 6.4 を参考にして v_x, v_y, θ を用いて表せ。

(5) (4) に (2)(3) を代入して，v_r を $r, \theta, \dfrac{\mathrm{d}r}{\mathrm{d}t}, \dfrac{\mathrm{d}\theta}{\mathrm{d}t}$ の中から必要なものを用いて表せ。

(6) (4) に (2)(3) を代入して，v_θ を $r, \theta, \dfrac{\mathrm{d}r}{\mathrm{d}t}, \dfrac{\mathrm{d}\theta}{\mathrm{d}t}$ の中から必要なものを用いて表せ。

(7) 物体が等速円運動（$r = $ 一定，$\omega = $ 一定）をしているとき，物体の速度はどちら向きにどれだけの大きさか。

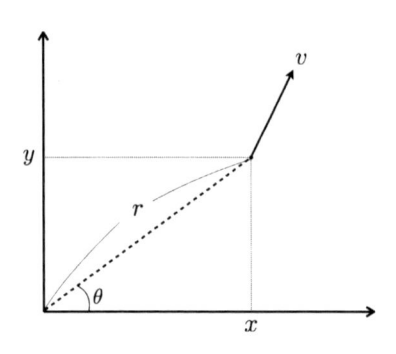

図 6.3　速度ベクトルの極座標表示

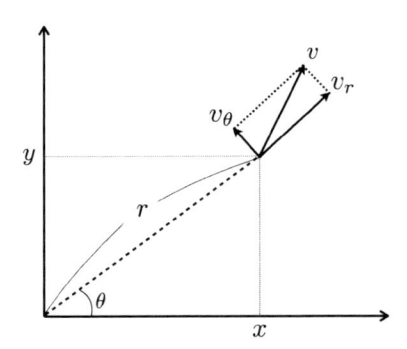

図 6.4　速度ベクトルの極座標表示

③加速度の極座標表示

　平面での加速度は，デカルト座標では (a_x, a_y)，極座標では (a_r, a_θ) と表される。それぞれの成分がどのように表されるのかを考えてみよう。

問題 6.3

　位置 $(x, y) = (r, \theta)$ にある物体が加速度 a で運動しており，加速度 a の x 成分を a_x，y 成分を a_y とする（図 6.5）。以下の手順に従って加速度の r 成分 v_r，θ 成分 v_θ を r, θ, t を用いて表せ。

(1) 加速度 a の r 成分 a_r，θ 成分 a_θ を図示せよ。

(2) $a_x = \dfrac{\mathrm{d}^2 x}{\mathrm{d}t^2} = \dfrac{\mathrm{d}v_x}{\mathrm{d}t}$ であることから，a_x を $r, \theta, \dfrac{\mathrm{d}r}{\mathrm{d}t}, \dfrac{\mathrm{d}\theta}{\mathrm{d}t}, \dfrac{\mathrm{d}^2 r}{\mathrm{d}t^2}, \dfrac{\mathrm{d}^2 \theta}{\mathrm{d}t^2}$ の中から必要なものを用いて表せ。

(3) $a_y = \dfrac{\mathrm{d}^2 y}{\mathrm{d}t^2} = \dfrac{\mathrm{d}v_y}{\mathrm{d}t}$ であることから，a_y を $r, \theta, \dfrac{\mathrm{d}r}{\mathrm{d}t}, \dfrac{\mathrm{d}\theta}{\mathrm{d}t}, \dfrac{\mathrm{d}^2 r}{\mathrm{d}t^2}, \dfrac{\mathrm{d}^2 \theta}{\mathrm{d}t^2}$ の中から必要なものを用いて表せ。

(4) a_r, a_θ を (1) の図を参考にして a_x, a_y, θ を用いて表せ。

(5) (4) に (2)(3) を代入して，a_r を $r, \theta, \dfrac{\mathrm{d}r}{\mathrm{d}t}, \dfrac{\mathrm{d}\theta}{\mathrm{d}t}, \dfrac{\mathrm{d}^2 r}{\mathrm{d}t^2}, \dfrac{\mathrm{d}^2 \theta}{\mathrm{d}t^2}$ の中から必要なものを用いて表せ。

(6) (4) に (2)(3) を代入して，a_θ を $r, \theta, \dfrac{\mathrm{d}r}{\mathrm{d}t}, \dfrac{\mathrm{d}\theta}{\mathrm{d}t}, \dfrac{\mathrm{d}^2 r}{\mathrm{d}t^2}, \dfrac{\mathrm{d}^2 \theta}{\mathrm{d}t^2}$ の中から必要なものを用いて表せ。

(7) 物体が等速円運動（$r = $ 一定，$\omega = $ 一定）をしているとき，物体の加速度はどちら向きにどれだけの大きさか。

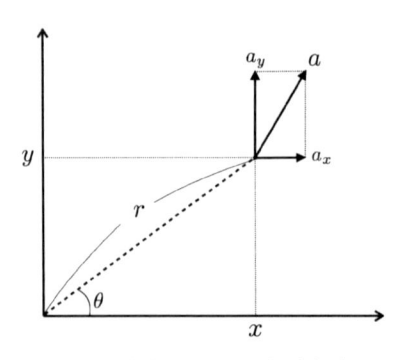

図 6.5 加速度ベクトルの極座標表示

問題 6.4

デカルト座標 x, y 軸の基底ベクトルを $\vec{e_x}, \vec{e_y}$，極座標 r, θ 軸の基底ベクトルを $\vec{e_r}, \vec{e_\theta}$ とする位置ベクトル $\vec{r}$ は基底ベクトルを用いて，$\vec{r} = r\vec{e_r}$ と表すことができる。

(1) $\vec{e_r}, \vec{e_\theta}$ を $\vec{e_x}, \vec{e_y}, \theta$ を用いて表せ。

(2) $\vec{e_x}, \vec{e_y}$ は時刻 t に依存しないが，$\vec{e_r}, \vec{e_\theta}$ は時刻 t に依存することに注意して，$\dfrac{\mathrm{d}}{\mathrm{d}t}(\vec{e_r}), \dfrac{\mathrm{d}}{\mathrm{d}t}(\vec{e_\theta})$ を求めよ。

(3) 速度ベクトル $\dfrac{\mathrm{d}}{\mathrm{d}t}(\vec{r})$ を，$r, \dfrac{\mathrm{d}r}{\mathrm{d}t}, \dfrac{\mathrm{d}\theta}{\mathrm{d}t}, \vec{e_r}, \vec{e_\theta}$ を用いて表せ。

(4) 加速度ベクトル $\dfrac{\mathrm{d}^2}{\mathrm{d}t^2}(\vec{r})$ を，$r, \dfrac{\mathrm{d}r}{\mathrm{d}t}, \dfrac{\mathrm{d}^2r}{\mathrm{d}t^2}, \dfrac{\mathrm{d}\theta}{\mathrm{d}t}, \dfrac{\mathrm{d}^2\theta}{\mathrm{d}t^2}, \vec{e_r}, \vec{e_\theta}$ を用いて表せ。

6.3 接線方向の運動方程式と力学的エネルギーの保存

　円運動を考えるときは，円の中心方向と接線方向に分けて運動方程式を立てる場合が多いが，高校物理で学習する等速円運動は，円の中心方向だけ考えている。なぜなら，円の接線方向には加速しないからである。ここでは，鉛直面内の円運動で，接線方向にも加速する場合を考える。

問題 6.5

　小球が半径 R の円弧となる曲面の頂上から時刻 t_0 に速さ v_0 で滑り降り，時刻 t で点 A を通過したのち，時刻 t_B に点 B で曲面から離れた。点 A の位置は図 6.6 の角 θ，点 B の位置は角 θ_B で表される。重力加速度の大きさを g とする。

(1) 小球が点 A にあるとき，面から受ける垂直抗力の大きさを N として，r 方向の運動方程式を示せ。

(2) 小球が点 A にあるとき，θ 方向の運動方程式を示せ。

(3) (2) の両辺に $R\dfrac{\mathrm{d}\theta}{\mathrm{d}t}$ をかけてから時刻 t_0 から t まで積分することで，力学的エネルギー保存則を導け。

(4) (1)(3) の式から，点 A における小球が面から受ける垂直抗力の大きさ N を求めよ。

(5) $\cos\theta_B$ を求めよ。

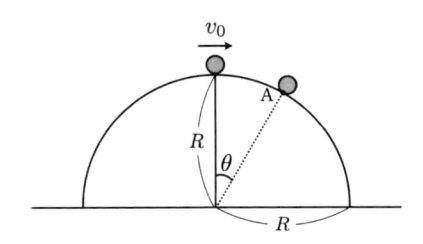

図 6.6　半球の上面を落下していく場合

問題 6.6

　図 6.7 のように，水平な床と半径 r の半円柱が滑らかにつながっている。いま，左方から質量 m の物体が点 A を速度 v_0 で通過した。物体が点 B を通過した後，半円柱の内面に沿って滑り上がる。物体の運動は ABC を含む面内で起こる。重力加速度の大きさを g，点 AB 間の距離を l，床と物体の間の動摩擦係数を μ' とし，半円柱の内面と小物体の間には摩擦力ははたらかないものとする。

(1) 点 A から点 B 向きに x 軸をとり，物体の運動方程式を立てよ。

(2) (1) の式の両辺に $\dfrac{\mathrm{d}x}{\mathrm{d}t}(=v)$ をかけてから積分し，物体が点 B を通過するときの速度 v_B を求めよ。

(3) 物体が点 C を滑っているとき，物体の向心方向（r 方向）の運動方程式を立てよ。ただし，$r =$ 一定であることに注意すること。

(4) 物体が点 C を滑っているとき，物体の接線方向（θ 方向）の運動方程式を立てよ。ただし，$r =$ 一定であることに注意すること。

(5) (4) の両辺に $r\dfrac{\mathrm{d}\theta}{\mathrm{d}t}(=v)$ をかけてから，時刻 t で積分することにより，力学的エネルギー保存則を導け。

(6) 以上の結果から，物体が点 C を滑っているときの，半円柱から受ける垂直抗力の大きさを求めよ。

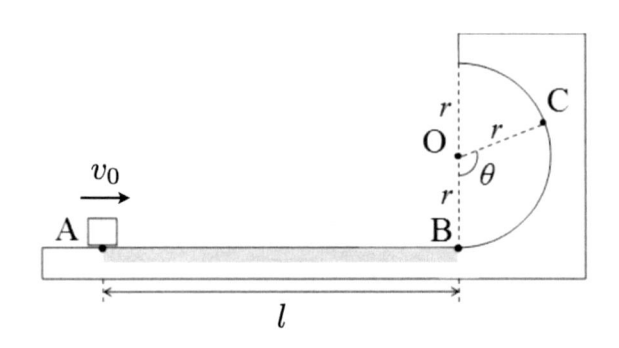

図 6.7　鉛直面内の円運動

6.4 面積速度一定の法則

コペルニクスは惑星が太陽のまわりを円運動していると考えた（地動説）。これまで考えてきた円運動の法則が太陽系の惑星の運動を記述するのに使えそうである。しかし，ケプラーは惑星が太陽のまわりを楕円運動していることを発見した。これを楕円軌道の法則（ケプラーの第 1 法則）という。惑星の運動は円運動ではないことがわかっているまた，惑星と太陽を結ぶ線分が一定時間に描く面積は，一定である。これを面積速度一定の法則（ケプラーの第 2 法則）という（図 6.8）。楕円運動であるから円運動で考えてきた式が全く使えないわけではない。いままで考えてきた式を変形しながら考えていこう。

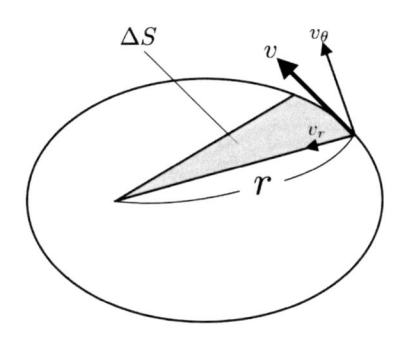

図 6.8　面積速度一定の法則

時間 Δt の間に面積の増加が ΔS とすると，面積速度 $\dfrac{\Delta S}{\Delta t}$ は太陽と惑星の間の距離 r，惑星の速度を v（r 成分 v_r，θ 成分 v_θ）として，以下のように表される。

$$\frac{\Delta S}{\Delta t} = \frac{1}{2}rv_\theta = 一定 \qquad\qquad \cdots\cdots\cdots\cdots\cdots\cdots (6.2)$$

面積速度一定の法則について，次の問題を考えてみよう。

問題 6.7

物体の加速度の θ 成分は $a_\theta = \dfrac{1}{r}\dfrac{\mathrm{d}}{\mathrm{d}t}\left(r^2\dfrac{\mathrm{d}\theta}{\mathrm{d}t}\right)$ となる。

(1) $\dfrac{1}{r}\dfrac{\mathrm{d}}{\mathrm{d}t}\left(r^2\dfrac{\mathrm{d}\theta}{\mathrm{d}t}\right)$ を変形して，問題 6.6 の（加速度の極座標表示で導出した）a_θ と一致することを確認せよ。

(2) θ 方向に外力が作用しないとき，運動方程式から $a_\theta = 0$ となる。このとき，面積速度が一定となることを示せ。

(3) (2) のとき，惑星の質量を m として，角運動量 $r \times m v_\theta$ が一定であることを示せ。

補足 ここで，$a_\theta = 0$ のとき運動方程式より $F_\theta = m a_\theta = 0$ なので，力のモーメント N も $N = r \times F_\theta = 0$ となる。すなわち，外部から物体に力のモーメントが加わらないときは，角運動量保存則が成り立つと言える。物体系に外力が加わらないときに運動量保存則が成り立つことに似ている。

6.5　加速度の球座標表示

加速度 a を球座標 (r, θ, ϕ) で表すと，一般には以下のようになる。

$$
\begin{pmatrix} a_r \\ a_\theta \\ a_\phi \end{pmatrix} = \begin{pmatrix} \dfrac{\mathrm{d}^2 r}{\mathrm{d}t^2} - r\left(\dfrac{\mathrm{d}\theta}{\mathrm{d}t}\right)^2 - r\left(\dfrac{\mathrm{d}\phi}{\mathrm{d}t}\right)^2 \sin^2\theta \\ r\dfrac{\mathrm{d}^2\theta}{\mathrm{d}t^2} + 2\dfrac{\mathrm{d}r}{\mathrm{d}t}\dfrac{\mathrm{d}\theta}{\mathrm{d}t} - r\left(\dfrac{\mathrm{d}\phi}{\mathrm{d}t}\right)^2 \sin\theta\cos\theta \\ r\dfrac{\mathrm{d}^2\phi}{\mathrm{d}t^2}\sin\theta + 2\dfrac{\mathrm{d}r}{\mathrm{d}t}\dfrac{\mathrm{d}\phi}{\mathrm{d}t}\sin\theta + 2r\dfrac{\mathrm{d}\theta}{\mathrm{d}t}\dfrac{\mathrm{d}\phi}{\mathrm{d}t}\cos\theta \end{pmatrix}
$$

この式を利用して，高校物理で出題される等速円運動の問題を考えてみることとする。

問題 6.8

　内側が球面の台に小球を置き，台を鉛直軸まわり（ϕ 方向）に一定の角速度 ω で回転させたところ，小球が一定の高さのところで，外から見ると等速円運動をした（図 6.9）。台と小球との間の静止摩擦係数を μ，重力加速度を g として，以下の問いに答えよ。ただし，球面の半径 $r =$ 一定より，$\dfrac{\mathrm{d}r}{\mathrm{d}t} = 0, \dfrac{\mathrm{d}^2 r}{\mathrm{d}t^2} = 0, \theta =$ 一定より，$\dfrac{\mathrm{d}\theta}{\mathrm{d}t} = 0, \dfrac{\mathrm{d}^2 \theta}{\mathrm{d}t^2} = 0,$ また，$\dfrac{\mathrm{d}\phi}{\mathrm{d}t} = \omega$，$\dfrac{\mathrm{d}^2 \phi}{\mathrm{d}t^2} = 0$ であるから，加速度の (r, θ, ϕ) 成分は以下のようになる。

$$
\begin{pmatrix} a_r \\ a_\theta \\ a_\phi \end{pmatrix} = \begin{pmatrix} -r\omega^2 \sin^2 \theta \\ -r\omega^2 \sin \theta \cos \theta \\ 0 \end{pmatrix}
$$

(1) 小球を台に対して静止させるための，台が鉛直軸のまわりに回転する角速度 ω の最大値を求めたい。このときの小球の r 方向，θ 方向の加速度を a_r, a_θ として，それぞれの向きの運動方程式を立てよ。

(2) 角速度 ω の最大値を求めよ。ただし，$\mu < \dfrac{\cos \theta}{\sin \theta}$ とする。

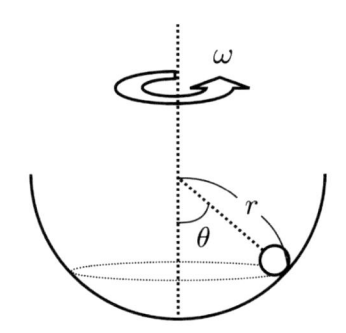

図 6.9　半球の内側の水平面を円運動する物体

高校生に伝えたいこと⑥：

　読者は，斜面上に物体が置いてあるとき，斜面に平行な運動方程式 $ma = mg\sin\theta$ と斜面に垂直な力のつりあい（合力 0 の運動方程式）$N = mg\cos\theta$ などを立てて，加速度 a や垂直抗力 N を求めたことだろう。これは運動方程式を 2 方向について立式しただけである。円運動の場合は極座標で考えており，円の中心（または遠心）方向と接線方向について立式しているだけである。高校では，円の中心方向だけ考えている場合が多く，円運動が特別な運動方程式に感じてしまった生徒も少なくないだろう。しかし，単に解きやすいように極座標で考えただけ，と考えてもらいたい。

微分積分の基本定理

ここでは，高校で学習する微分積分の基本定理を取り上げる。

A.1　極限

　速度や加速度の定義に必要な微分は，極限を用いて定義される。単振動の位置は三角関数で表されるため，三角関数の微分が必要になる。三角関数の微分の式を証明するために必要な，はさみうちの定理と三角関数を含む式の極限を確認しておこう。

A.1.1　はさみうちの定理

　三角関数を含む式の極限を証明するために必要なはさみうちの定理を確認する。

$f(x) < g(x) < h(x)$ のとき，

$$\lim_{x \to a} f(x) = \lim_{x \to a} h(x) = \alpha$$

のとき，

$$\lim_{x \to a} g(x) = \alpha \qquad\qquad \cdots\cdots\cdots\cdots\cdots\cdots \text{(A.1)}$$

高校数学の教科書では，図などを用いてこの定理が成り立つことを確認するのが一般的である。以下では参考として $\varepsilon - \delta$ 論法を用いた証明をする。

$$\lim_{x \to a} f(x) = \alpha$$

の意味は，任意の正の実数 ε に対して，ある正の実数 δ が存在して，$|x - a| < \delta$ ならば $|f(x) - \alpha| < \varepsilon$ となる（$\varepsilon - \delta$ 論法）。これを用いてはさみうちの定理を示す。

（証明）
　仮定より，任意の $\varepsilon(> 0)$ に対してある $\delta_1(> 0)$ が存在して，$|x - a| < \delta_1$ ならば $|f(x) - \alpha| < \varepsilon$
また，ある $\delta_2(> 0)$ が存在して $|x - a| < \delta_2$ ならば $|h(x) - \alpha| < \varepsilon$
よって，$\delta < \delta_1$ かつ $\delta < \delta_2$ となるように $\delta(> 0)$ をとれば，$|x - a| < \delta$

ならば，$f(x) > \alpha - \varepsilon$ かつ $h(x) < \alpha + \varepsilon$

よって，$\alpha - \varepsilon < g(x) < \alpha + \varepsilon$

つまり，$|x - a| < \delta$ のとき，$|g(x) - \alpha| < \varepsilon$ となるので，

$$\lim_{x \to a} g(x) = \alpha$$

A.1.2 三角関数を含む式の極限

三角算数の $\sin, \cos$ の微分を証明するために必要な極限の値を確認する。

$\dfrac{\sin x}{x}$ について

図 A.1 のように，$y = \sin x$ は $x = 0$ で $y = 0$, $y = \dfrac{1}{x}$ は $x = 0$ で $y = \infty$ となる。

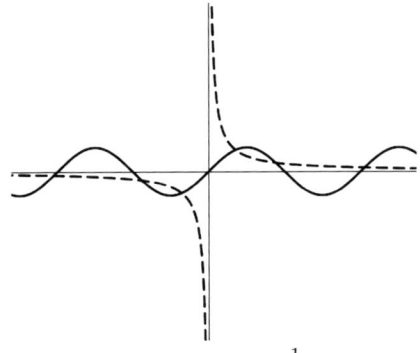

図 A.1 　$y = \sin x$ と $y = \dfrac{1}{x}$ のグラフ

$y = \dfrac{\sin x}{x}$ のグラフは図 A.2 より，$x = 0$ で $y = 1$ となる。これは自明ではないので，証明してみよう。

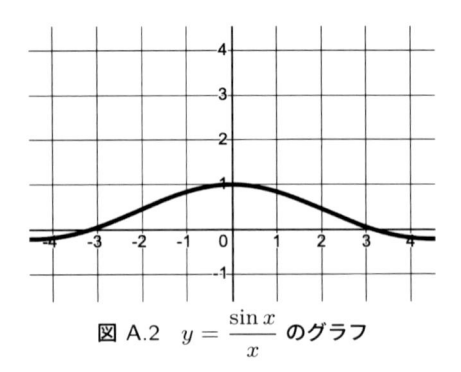

図 A.2　$y = \dfrac{\sin x}{x}$ のグラフ

$$\lim_{x \to 0} \frac{\sin x}{x} = 1 \qquad\qquad \cdots\cdots\cdots\cdots\cdots\cdots\cdots \text{(A.2)}$$

（証明）

　単位円を描いたときの中心角を x としたとき，その扇形の面積は $\dfrac{1}{2}x$ となる。このとき，扇形の面積は，底辺が 1 で高さが $\sin x$ の三角形より大きく，底辺が 1 で高さが $\tan x$ の三角形より小さいので，

$$\frac{1}{2}\sin x < \frac{1}{2}x < \frac{1}{2}\tan x$$
$$\sin x < x < \tan x$$

となる。このとき，$x > 0$ なので，$\sin x > 0$ より，両辺を $\sin x$ で割ると，

$$1 < \frac{x}{\sin x} < \frac{\tan x}{\sin x}$$
$$1 < \frac{x}{\sin x} < \frac{1}{\cos x}$$
$$1 > \frac{\sin x}{x} > \cos x$$
$$\lim_{x \to 0} 1 = \lim_{x \to 0} \cos x = 1$$

なので，はさみうちの定理より，

$$\lim_{x \to +0} \frac{\sin x}{x} = 1$$

80

ここで，$x > 0$ だけを考えてきたので，$x \to +0$ となることに注意する。
ここで，$X = -x$ とおくと，

$$\lim_{x \to -0} \frac{\sin x}{x} = \lim_{X \to +0} \frac{\sin(-X)}{-X} = \lim_{X \to +0} \frac{\sin X}{X} = 1$$

となるから，$x < 0$ の場合も成り立つ。よって，

$$\lim_{x \to 0} \frac{\sin x}{x} = 1$$

$\dfrac{1 - \cos x}{x}$ について

図 A.3 のように，$y = 1 - \cos x$ は $x = 0$ で $y = 0$，$y = \dfrac{1}{x}$ は $x = 0$ で $y = \infty$ となる。

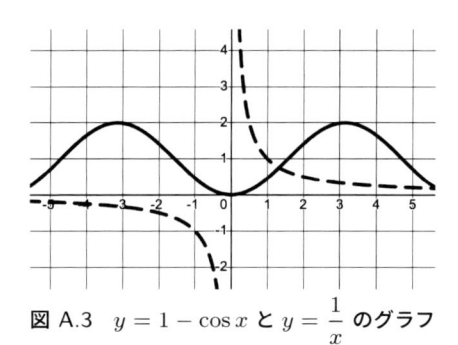

図 A.3　$y = 1 - \cos x$ と $y = \dfrac{1}{x}$ のグラフ

$y = \dfrac{1 - \cos x}{x}$ のグラフは図 A.4 より，$x = 0$ で $y = 1$ となる。これは自明ではないので，証明してみよう。

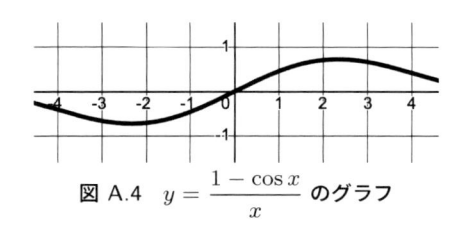

図 A.4　$y = \dfrac{1 - \cos x}{x}$ のグラフ

$$\lim_{x \to 0} \frac{1 - \cos x}{x} = 0 \qquad \cdots\cdots\cdots\cdots\cdots\cdots \text{(A.3)}$$

（証明）

$$\frac{1 - \cos x}{x} = \frac{(1 - \cos x)(1 + \cos x)}{x(1 + \cos x)}$$

$$= \frac{1 - \cos^2 x}{x(1 + \cos x)}$$

$$= \frac{\sin^2 x}{x(1 + \cos x)}$$

$$= \frac{\sin^2 x}{x(1 + \cos x)}$$

よって, $\displaystyle \lim_{x \to 0} \frac{1 - \cos x}{x} = \lim_{x \to 0} \frac{\sin^2 x}{x(1 + \cos x)}$

$$= \lim_{x \to 0} \frac{\sin x}{x} + \lim_{x \to 0} \frac{\sin x}{1 + \cos x}$$

$$= 1 \cdot 0$$

$$= 0$$

A.2　微分

　高校物理では速度の定義を「瞬間の速度」という表現で，グラフの接線の傾きとして考える。これこそ微分の考え方である。ここでは，微分の定義の確認から，物理の計算で必要な積の微分法，合成関数の微分，三角関数・対数関数の微分を確認しておこう。

A.2.1　平均変化率

　関数 $y = f(x)$ において,

$$\frac{f(b) - f(a)}{b - a} \qquad \cdots\cdots\cdots\cdots\cdots\cdots \text{(A.4)}$$

を，x が a から b まで変化するときの平均変化率という（図 A.5）。

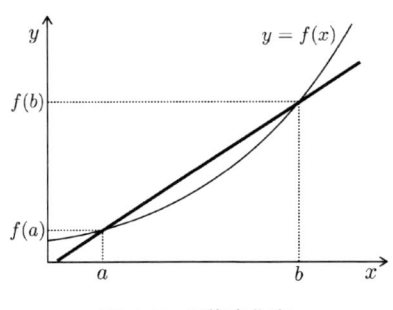

図 A.5 平均変化率

A.2.2 微分係数

関数 $y = f(x)$ の $x = a$ における微分係数 $f'(a)$ は，

$$f'(a) = \lim_{\Delta x \to a} \frac{f(x) - f(a)}{x - a} \quad \cdots\cdots\cdots\cdots\cdots (A.5)$$

と表される。$f'(a)$ は関数関数 $y = f(x)$ の座標 $(a, f(a))$ における接線の傾き（変化率）を表す（図 A.6）。

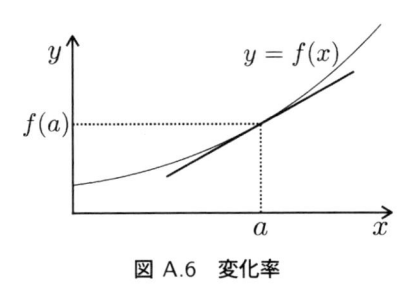

図 A.6 変化率

A.2.3 微分の定義 (導関数)

関数 $y = f(x)$ の導関数 $f'(x)$ は

$$f'(x) = \lim_{\Delta x \to 0} \frac{\Delta y}{\Delta x} = \lim_{\Delta x \to 0} \frac{f(x + \Delta x) - f(x)}{\Delta x} \cdots\cdots\cdots (A.6)$$

で定義する。関数 $y = f(x)$ の導関数の表現として，他に y', $f'(x)$, $\dfrac{\mathrm{d}y}{\mathrm{d}x}$, $\dfrac{\mathrm{d}f(x)}{\mathrm{d}x}$ などがある。

例題

　微分の定義に従って以下の関数の導関数を求めよ。

(1) $y = x$

（解）

$$y' = \lim_{\Delta x \to 0} \frac{(x + \Delta x) - x}{\Delta x} = \lim_{\Delta x \to 0} \frac{\Delta x}{\Delta x} = \lim_{\Delta x \to 0} 1 = 1$$

(2) $y = x^2$

（解）

$$y' = \lim_{\Delta x \to 0} \frac{(x + \Delta x)^2 - x^2}{\Delta x} = \lim_{\Delta x \to 0} \frac{2x\Delta x + (\Delta x)^2}{\Delta x}$$

$$= \lim_{\Delta x \to 0} (2x + \Delta x) = 2x$$

(3) $y = x^3$

（解）

$$y' = \lim_{\Delta x \to 0} \frac{(x + \Delta x)^3 - x^3}{\Delta x} = \lim_{\Delta x \to 0} \frac{3x^2\Delta x + 3x(\Delta x)^2 + (\Delta x)^3}{\Delta x}$$

$$= \lim_{\Delta x \to 0} (3x^2 + 3x\Delta x + (\Delta x)^2) = 3x^2$$

　前問より，次のような関係が類推される。

$$(x^n)' = nx^{n-1} \qquad\qquad \cdots\cdots\cdots\cdots\cdots (A.7)$$

　なお，n が実数であれば上記の関係式が成り立つ。

　参照　速度の定義 p.9 の式 (1.1)，加速度の定義 p.12 の式 (1.3)

A.2.4 積の微分法

微分可能な 2 つの関数 $f(x), g(x)$ の積について以下の関係式が成り立つ。

$$\{f(x)g(x)\}' = f'(x)g(x) + f(x)g'(x) \cdots\cdots\cdots\cdots\cdots \text{(A.8)}$$

(証明)

$$\{f(x)g(x)\}' = \lim_{\Delta x \to 0} \frac{f(x + \Delta x)g(x + \Delta x) - f(x)g(x)}{\Delta x}$$

$$= \lim_{\Delta x \to 0} \frac{f(x + \Delta x)g(x + \Delta x) - f(x)g(x + \Delta x) + f(x)g(x + \Delta x) - f(x)g(x)}{\Delta x}$$

$$= \lim_{\Delta x \to 0} \frac{f(x + \Delta x) - f(x)}{\Delta x}g(x + \Delta x) + \lim_{\Delta x \to 0} f(x)\frac{g(x + \Delta x) - g(x)}{\Delta x}$$

$$= \lim_{\Delta x \to 0} \frac{f(x + \Delta x) - f(x)}{\Delta x} \lim_{\Delta x \to 0} g(x + \Delta x) + f(x) \lim_{\Delta x \to 0} \frac{g(x + \Delta x) - g(x)}{\Delta x}$$

$$= f'(x)g(x) + f(x)g'(x)$$

A.2.5 合成関数の微分

$y = f(x)$ に $x = g(t)$ を代入した関数 $y = f(g(t))$ を $y = f(x)$ と $x = g(t)$ の合成関数という。$y = f(x)$ と $x = g(t)$ が微分可能であれば,以下の式が成り立つ。

$$\frac{\mathrm{d}x}{\mathrm{d}t} = \frac{\mathrm{d}y}{\mathrm{d}x}\frac{\mathrm{d}x}{\mathrm{d}t} \cdots\cdots\cdots\cdots\cdots \text{(A.9)}$$

(証明)

t の増分 Δt に対する $x = g(t)$ の増分を Δx とし,x の増分 Δx に対する $y = f(x)$ の増分を Δy とする。

$$\frac{\mathrm{d}y}{\mathrm{d}x} = \lim_{\Delta x \to 0} \frac{\Delta y}{\Delta x}, \quad \frac{\mathrm{d}x}{\mathrm{d}t} = \lim_{\Delta t \to 0} \frac{\Delta x}{\Delta t}$$

となる。

$$\frac{\mathrm{d}x}{\mathrm{d}t} = \lim_{\Delta t \to 0} \frac{\Delta y}{\Delta t} = \lim_{\Delta t \to 0} \frac{\Delta y}{\Delta x}\frac{\Delta x}{\Delta t} = \lim_{\Delta t \to 0} \frac{\Delta y}{\Delta x} \lim_{\Delta t \to 0} \frac{\Delta x}{\Delta t}$$

ここで，$\Delta t \to 0$ のとき $\Delta x \to 0$ なので，

$$\frac{\mathrm{d}x}{\mathrm{d}t} = \lim_{\Delta x \to 0} \frac{\Delta y}{\Delta x} \lim_{\Delta t \to 0} \frac{\Delta x}{\Delta t} = \frac{\mathrm{d}y}{\mathrm{d}x} \frac{\mathrm{d}x}{\mathrm{d}t}$$

A.2.6　三角関数の微分

$\sin x$ の導関数

$\sin x$ を微分すると次のような関係式となる。

$$(\sin x)' = \cos x \qquad\qquad \cdots\cdots\cdots\cdots\cdots\cdots \text{(A.10)}$$

（証明）

$$
\begin{aligned}
(\sin x)' &= \lim_{\Delta x \to 0} \frac{\sin(x + \Delta x) - \sin x}{\Delta x} \\
&= \lim_{\Delta x \to 0} \frac{\sin x \cos \Delta x + \cos x \sin \Delta x - \sin x}{\Delta x} \\
&= \lim_{\Delta x \to 0} \frac{\cos x \sin \Delta x - \sin x(1 - \cos \Delta x)}{\Delta x} \\
&= \cos x \lim_{\Delta x \to 0} \frac{\sin \Delta x}{\Delta x} - \sin x \lim_{\Delta x \to 0} \frac{1 - \cos \Delta x}{\Delta x} \\
&= \cos x \cdot 1 - \sin x \cdot 0 \\
&= \cos x
\end{aligned}
$$

$\cos x$ の導関数

$\cos x$ を微分すると次のような関係式となる。

$$(\cos x)' = -\sin x \qquad\qquad \cdots\cdots\cdots\cdots\cdots\cdots \text{(A.11)}$$

（証明）

$$
\begin{aligned}
(\cos x)' &= \lim_{\Delta x \to 0} \frac{\cos(x + \Delta x) - \cos x}{\Delta x} \\
&= \lim_{\Delta x \to 0} \frac{\cos x \cos \Delta x - \sin x \sin \Delta x - \cos x}{\Delta x}
\end{aligned}
$$

$$= -\cos x \lim_{\Delta x \to 0} \frac{1 - \cos \Delta x}{\Delta x} - \sin x \lim_{\Delta x \to 0} \frac{\sin \Delta x}{\Delta x}$$

$$= -\cos x \cdot 0 - \sin x \cdot 1$$

$$= -\sin x$$

問題 A.1

次の関数 y を t で微分し，$\dfrac{\mathrm{d}x}{\mathrm{d}t}$ を求めよ。

(1) $y = \sin \omega t$

(2) $y = \cos \omega t$

A.2.7　対数関数の微分

自然対数

ネピアーの数（自然対数の底）e は，

$$e = \lim_{h \to 0} (1 + h)^{\frac{1}{h}}$$

で表される数である。e は無理数であり，$e = 2.71828 \cdots$ である。この数 e を底とする対数関数 $y = \log_e x$ を自然対数といい，これを簡単に，

$$y = \log x$$

と表す。なお，$y = \log x$ のとき，$e^y = x$ である。

$\log x$ の導関数

対数関数を微分すると次のような関係式となる。

$$(\log x)' = \frac{1}{x} \qquad (x > 0) \quad \cdots\cdots\cdots\cdots\cdots \quad (A.12)$$

$$(\log |x|)' = \frac{1}{x} \qquad (x \neq 0) \quad \cdots\cdots\cdots\cdots\cdots \quad (A.13)$$

（証明）

$$(\log x)' = \lim_{\Delta x \to 0} \frac{\log(x + \Delta x) - \log x}{\Delta x} = \lim_{\Delta x \to 0} \frac{1}{\Delta x} \log \frac{x + \Delta x}{x}$$

87

$$= \frac{1}{x} \lim_{\Delta x \to 0} \frac{x}{\Delta x} \log \left(1 + \frac{\Delta x}{x} \right)$$

ここで，$\frac{x}{\Delta x} = h$ とおくと，$\Delta x \to 0$ のとき $h \to 0$ であるから，

$$(\log x)' = \frac{1}{x} \lim_{h \to 0} \frac{1}{h} \log(1 + h) = \frac{1}{x} \lim_{h \to 0} \log(1 + h)^{\frac{1}{h}}$$
$$e = \lim_{h \to 0} (1 + h)^{\frac{1}{h}}$$

より，

$$(\log x)' = \frac{1}{x} \log e = \frac{1}{x}$$

また，$\log(-x)$ の微分は合成関数の微分より，$X = -x$ とおくと，

$$\{\log(-x)\}' = \frac{\mathrm{d}}{\mathrm{d}X}(\log X)\frac{\mathrm{d}X}{\mathrm{d}x} = \frac{1}{X} \cdot (-1) = \frac{1}{-x} \cdot (-1) = \frac{1}{x}$$

前と組み合わせれば，

$$(\log |x|)' = \frac{1}{x}$$

A.2.8　接線の方程式

$y = f(x)$ 上の点 $(a, f(a))$ における接線の傾きは，$x = a$ における微分係数 $f'(a)$ に等しいから，接線の方程式は次のようになる。

$$y - f(a) = f'(a)(x - a) \qquad \cdots\cdots\cdots\cdots\cdots \text{(A.14)}$$

問題 A.2

以下の関数の指定された座標における接線の方程式を求めよ。

(1) $y = x^2$　　　座標 $(2, 4)$

(2) $y = \sin x$　　　座標 $\left(\frac{\pi}{2}, 1 \right)$

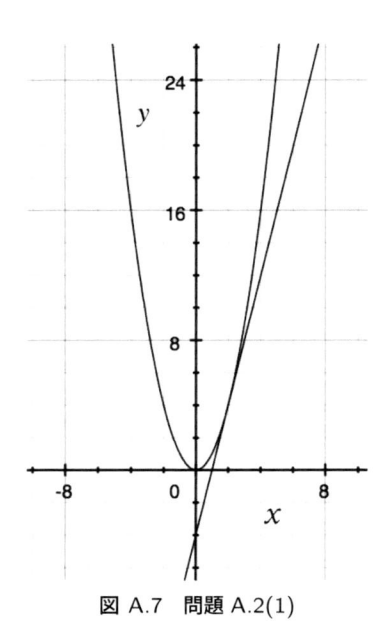

図 A.7　問題 A.2(1)

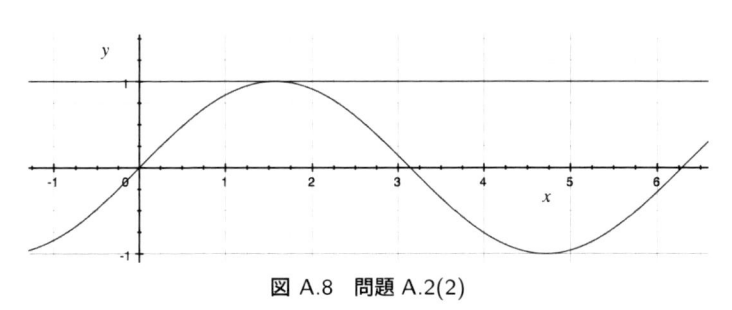

図 A.8　問題 A.2(2)

A.3　不定積分

　運動方程式は微分方程式である。微分方程式を解くときには，積分が必要になる。ここでは，不定積分と置換積分を確認しておこう。

A.3.1 不定積分

$F(x) = \dfrac{1}{3}x^3, \dfrac{1}{3}x^3 + 5, \dfrac{1}{3}x^3 - 3$ としたとき，$f(x) = F'(x) = x^2$ となる。このとき，$F(x)$ を $f(x)$ の原始関数という。

$$F'(x) = f(x) \qquad\qquad \cdots\cdots\cdots\cdots\cdots\cdots \text{(A.15)}$$

原始関数は無数にあるので，$f(x)$ の原始関数は $F(x) + C$ と書ける。このとき，C を積分定数という。このとき，

$$\int f(x)\mathrm{d}x = F(x) + C \qquad\qquad \cdots\cdots\cdots\cdots\cdots \text{(A.16)}$$

と表し，これを関数 $f(x)$ の不定積分という。

問題 A.3

次の不定積分を求めよ。

(1) $\int x^2 \mathrm{d}x$

(2) $\int a\mathrm{d}x$ 　　　（a は定数）

(3) $\int x^n \mathrm{d}x$

A.3.2 不定積分の性質

不定積分において，被積分関数の定数 k は，積分の外側に出して，積分後に積をとるのと等しい。また，被積分関数が微分可能な 2 つの関数の和であるとき，それぞれの関数を積分した後に和をとるのと等しい。

$$\int kf(x)\mathrm{d}x = k \int f(x)\mathrm{d}x \qquad \cdots\cdots\cdots\cdots\cdots \text{(A.17)}$$

$$\int f(x) + g(x)\mathrm{d}x = \int f(x)\mathrm{d}x + \int g(x)\mathrm{d}x \cdots\cdots\cdots\cdots \text{(A.18)}$$

A.3.3 不定積分の基本公式

微分法の公式を利用して，積分の基本公式が得られる。

$$\int x^\alpha \mathrm{d}x = \frac{1}{\alpha+1}x^{\alpha+1} + C \ (\alpha \neq -1) \quad\cdots\cdots\cdots\cdots\cdots \text{(A.19)}$$

$$\int \frac{1}{x}\mathrm{d}x = \log|x| + C \quad\cdots\cdots\cdots\cdots\cdots \text{(A.20)}$$

$$\int \sin x \mathrm{d}x = -\cos x + C \quad\cdots\cdots\cdots\cdots\cdots \text{(A.21)}$$

$$\int \cos x \mathrm{d}x = \sin x + C \quad\cdots\cdots\cdots\cdots\cdots \text{(A.22)}$$

A.3.4 置換積分

積分変数を変更して不定積分を行う方法を置換積分という。

$x = g(t)$ のとき，
$$\int f(x)\mathrm{d}x = \int f(g(t))g'(t)\mathrm{d}t \quad\cdots\cdots\cdots\cdots\cdots \text{(A.23)}$$

（証明）

$f(x)$ の原始関数の一つを $F(x)$ とする。$F(x)$ を t で微分すると，合成関数の微分より，

$$\frac{\mathrm{d}F(x)}{\mathrm{d}t} = \frac{\mathrm{d}F(x)}{\mathrm{d}x}\frac{\mathrm{d}x}{\mathrm{d}t} = f(x)\frac{\mathrm{d}x}{\mathrm{d}t} = f(g(t))\frac{\mathrm{d}x}{\mathrm{d}t}$$

よって，$F(x) = \int f(x)\mathrm{d}x$ より，

$$\int f(g(t))\frac{\mathrm{d}x}{\mathrm{d}t}\mathrm{d}t = F(x) = \int f(x)\mathrm{d}x$$

A.4 定積分

　仕事やポテンシャルエネルギーを考えるときは位置 1 から位置 2 まで移動する場合など，区間を考えることがある。例えば，物体を重力と逆向きに 1 m 動かす場合と 2 m 動かす場合では，仕事は 2 倍になる。これを考えるためには，定積分が必要になる。ここでは，定積分の定義を確認しておこう。また，高校物理では，仕事は力と距離のグラフ（$F - x$ グラフ）の面積で表されると学習する。定積分でグラフ面積が求められる理由について確認しておこう。

A.4.1　定積分の定義

　$f(x)$ の原始関数の一つを $F(x)$ とすると $\int f(x)\mathrm{d}x = F(x) + C$ と書ける。このとき，定数 a, b を用いて，

$$
F(b) - F(a) = \int_a^b f(x)\mathrm{d}x = [F(x)]_a^b \cdots\cdots\cdots\cdots\cdots \text{(A.24)}
$$

と表したとき，これを関数 $f(x)$ の a から b までの定積分という。

問題 A.4

　定積分 $\int_1^3 x^2 \mathrm{d}x$ を求めよ。

A.4.2　定積分の性質

　定積分の区間 $[a, b]$ を区間 $[b, a]$ に変更すると次の関係式となる。

$$
\int_a^b f(x)\mathrm{d}x = -\int_b^a f(x)\mathrm{d}x \qquad \cdots\cdots\cdots\cdots\cdots \text{(A.25)}
$$

（確認）

$f(x)$ の原始関数の一つを $F(x)$ とすると，

$$
\int_a^b f(x)\mathrm{d}x = [F(x)]_a^b = F(b) - F(a) = -\{F(a) - F(b)\} = -[F(x)]_b^a
$$

$$= -\int_b^a f(x)\mathrm{d}x$$

A.4.3 定積分で面積が求まる理由

図 A.9 のように関数 $y = f(x)$ の区間 $[a, t]$ に描く面積（薄い灰色の部分）を $S(t)$ とする。すると，区間 $[t, t + \Delta t]$ に描く面積（濃い灰色の部分）は $S(t + \Delta t) - S(t)$ で与えられる。ここで，区間 $[t, t + \Delta t]$ における関数 $y = f(x)$ の最小値を m，最大値を M とする。

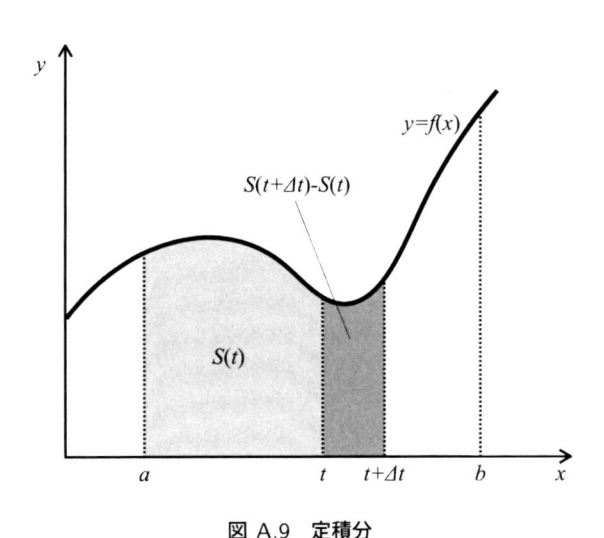

図 A.9　定積分

問題 A.5

以下の手順に従って定積分が面積を表すことを示せ。

(1) 区間 $[t, t + \Delta t]$ において，

$$m\Delta t \leqq S(t + \Delta t) - S(t) \leqq M\Delta t$$

であることを用いて，$S'(t) = f(t)$ を示せ。

(2) $t = b$ のときの面積 $S(b)$ を $F(a), F(b)$ を用いて表せ。ただし，$f(t)$

の原始関数を $F(t)$ とする。

高校生に伝えたいこと⑦：

　私が大学院生の頃，研究室の先生が「数学と物理をよく勉強しなさい」とよく話されていた。本書でも，数学で微分や積分の計算を学習して，物理で速度や加速度を求めるために微積を用いることで相互的に理解が深まることを実感いただけたのではないだろうか。単振動の位置が $x = A\sin\omega t$ で表されるから時間 t で微分して，速度が $v = A\omega\cos\omega t$ で表されることが計算できるようになっても，どんな意味なのかわからないかもしれない。

　物事を理解するということは簡単なことではない。$y = \sin x$ の傾きが $\cos x$ で表されること，$x - t$ グラフの傾きが速度 v であること，など色々な知識や概念がつながってくると，ようやく「あぁ，なるほど。わかった」という状態になるのだと思う。いま考えると，研究室の先生はそれが伝えたかったのだろう。

付録 B
問題の解答

B.1　第 1 章 速度と加速度

問題 1.1

(1) $v = \dfrac{\mathrm{d}x}{\mathrm{d}t}$ より，

$$v = 4t - 4$$

(2) $v = 4t - 4$ に $t = 2$ を代入して，

$$v = 4 \cdot 2 - 4 = 4$$

問題 1.2

(1) $v = \dfrac{\mathrm{d}x}{\mathrm{d}t}$ より，

$$v = v_0 - gt$$

(2) $v = v_0 - gt$ より，

$$v = 4.9 - 9.8 \cdot 2.0 = 4.9 - 19.6$$
$$= -14.7 \mathrm{m/s}$$

問題 1.3

(1) $a = \dfrac{\mathrm{d}v}{\mathrm{d}t}$ より，

$$a = 0 - \frac{3}{4} = -0.75$$

(2) $x = \displaystyle\int v \mathrm{d}t$ より，

$$x = \int (3.0 - \frac{3}{4}t)\mathrm{d}t = 3.0t - \frac{3}{8}t^2 (+0)$$

(3) 図参照

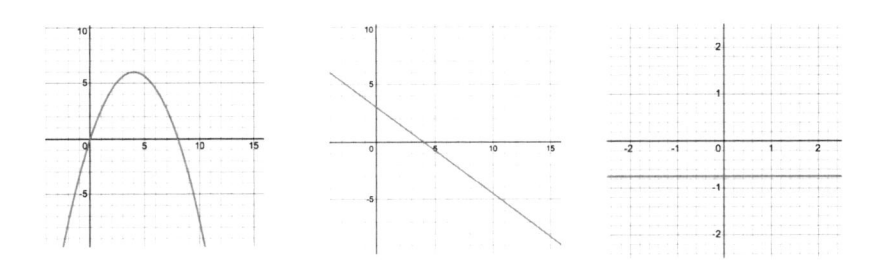

問題 1.4

(1) $v = \int a\mathrm{d}t$ より，

$$v = \int 2t\mathrm{d}t \qquad\qquad v = t^2 + v_0$$

(2) $x = \int v\mathrm{d}t$ より，

$$x = \int (t^2 + v_0)\mathrm{d}t \qquad\qquad x = \frac{1}{3}t^3 + v_0 t + x_0$$

(3) $x = \frac{1}{3}t^3 + v_0 t$ より，

$$x = \frac{1}{3} \times (3.0)^3 + 2.0 \times 3.0 = 9.0 + 6.0$$

$$x = 15.0\mathrm{m}$$

問題 1.5

(1)

$$a(t) = \begin{cases} a & (0 \leqq t \leqq t_1) \\ 0 & (t_1 \leqq t \leqq t_2) \\ b & (t_2 \leqq t) \end{cases}$$

(2)

$$v(t) = \int a(t)\mathrm{d}t = \begin{cases} at & (0 \leqq t \leqq t_1) \\ at_1 & (t_1 \leqq t \leqq t_2) \\ b(t - t_2) + at_1 & (t_2 \leqq t) \end{cases}$$

(3)

$$x(t) = \int v(t)\mathrm{d}t = \begin{cases} \dfrac{1}{2}at^2 & (0 \leqq t \leqq t_1) \\ at_1(t - t_1) + \dfrac{1}{2}at_1^2 & (t_1 \leqq t \leqq t_2) \\ \dfrac{1}{2}b(t - t_2)^2 + at_1(t - t_2) \\ \quad + at_1(t_2 - t_1) + \dfrac{1}{2}at_1^2 & (t_2 \leqq t) \end{cases}$$

問題 1.6

与えられている $v(t)$ をグラフに描くと，図 B.1 のようになる。

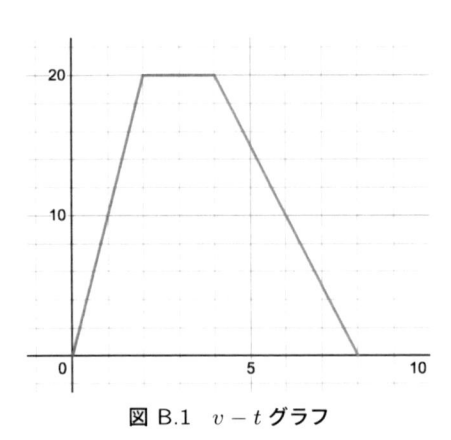

図 B.1　$v - t$ グラフ

(1)

$$a(t) = \begin{cases} 10 & (0 \leqq t \leqq 2) \\ 0 & (2 \leqq t \leqq 4) \\ -5 & (4 \leqq t \leqq 8) \end{cases}$$

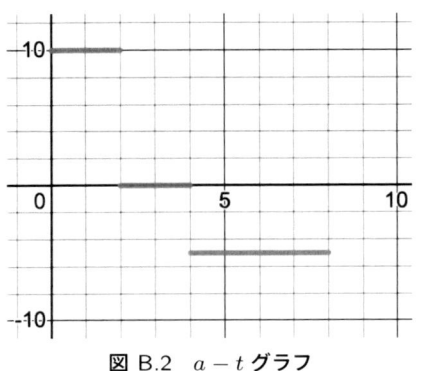

図 B.2 $a-t$ グラフ

(2)

$$x(t) = \begin{cases} 5t^2 & (0 \leqq t \leqq 2) \\ 20t - 20 & (2 \leqq t \leqq 4) \\ -\dfrac{5}{2}t^2 + 40t - 60 & (4 \leqq t \leqq 8) \end{cases}$$

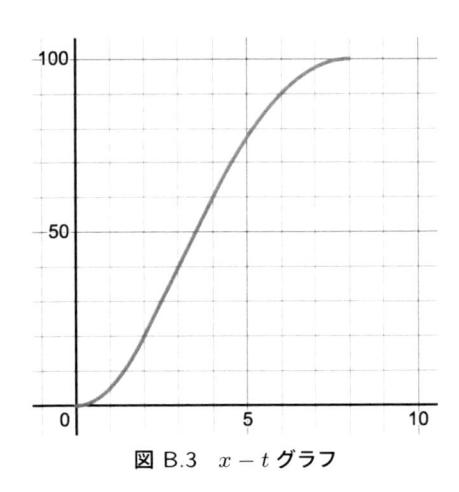

図 B.3 $x-t$ グラフ

問題 1.7

ロープの長さ $\sqrt{h^2 + x^2}$ が毎秒 V ずつ減るので，

$$\frac{\mathrm{d}}{\mathrm{d}t}\sqrt{h^2 + x^2} = -V$$

左辺の微分を計算すると，

$$\frac{2x}{2\sqrt{h^2 + x^2}}\frac{\mathrm{d}x}{\mathrm{d}t} = -V$$

ボートが空中に浮くことはないので，$v_y = 0$ よって，ボートの速度は $v_x(=\dfrac{\mathrm{d}x}{\mathrm{d}t})$ を求めればよい。

$$v_x = \frac{\mathrm{d}x}{\mathrm{d}t} = -\frac{\sqrt{h^2 + x^2}}{x}V$$

$$a_x = \frac{\mathrm{d}v_x}{\mathrm{d}t} = \frac{\mathrm{d}v_x}{\mathrm{d}x}\frac{\mathrm{d}x}{\mathrm{d}t} = V\left(\frac{\sqrt{h^2 + x^2}}{x^2} - \frac{2x}{2x\sqrt{h^2 + x^2}}\right)\frac{\mathrm{d}x}{\mathrm{d}t}$$

$$= V\left(\frac{h^2 + x^2}{x^3} - \frac{1}{x}\right)(-V) = -\frac{h^2}{x^3}V^2$$

B.2　第2章 運動方程式と微分方程式

問題 2.1

(1)

$$\frac{1}{y}\frac{\mathrm{d}y}{\mathrm{d}x} = 2x$$

$$\int \frac{1}{y}\frac{\mathrm{d}y}{\mathrm{d}x}\mathrm{d}x = \int 2x\mathrm{d}x$$

$$\int \frac{1}{y}\mathrm{d}y = \int 2x\mathrm{d}x$$

$$\log|y| = x^2 + C$$

$$y = \pm e^{x^2 + C} = \pm e^C \cdot e^{x^2}$$

$C_0 = \pm e^C$ と置いて，

$$y = C_0 e^{x^2}$$

(2)

$$\frac{1}{y}\frac{\mathrm{d}y}{\mathrm{d}x} = -x^2$$

$$\int \frac{1}{y}\frac{\mathrm{d}y}{\mathrm{d}x}\mathrm{d}x = -\int x^2 \mathrm{d}x$$

$$\int \frac{1}{y}\mathrm{d}y = -\int x^2 \mathrm{d}x$$

$$\log|y| = -\frac{1}{3}x^3 + C$$

$$y = \pm e^{-\frac{1}{3}x^3 + C} = \pm e^C \cdot e^{-\frac{1}{3}x^3}$$

初期条件 $x = 0$ のとき, $y = 2$ より,

$$2 = \pm e^C$$

これを代入して,

$$y = 2e^{-\frac{1}{3}x^3}$$

(3)

$$\int \frac{1}{x}\mathrm{d}x = \int t\mathrm{d}t$$

$$\log|x| = \frac{1}{2}t^2 + C$$

$$|x| = e^{\frac{1}{2}t^2 + C}$$

$$x = \pm e^{\frac{1}{2}t^2} \cdot e^C$$

$$x = C_0 e^{\frac{1}{2}t^2}$$

問題 2.2

運動方程式は,

$$m\frac{\mathrm{d}v}{\mathrm{d}t} = 0$$

両辺 t で積分すると,

$$\int m\frac{\mathrm{d}v}{\mathrm{d}t}\mathrm{d}t = \int 0\mathrm{d}t$$

左辺は置換積分より,

$$\int m\mathrm{d}v = \int 0\mathrm{d}t$$

$$mv = C$$

質量 m は定数なので，$v = $ 一定

　よって，物体は等速直線運動をする。

問題 2.3

　運動方程式は，

$$m\frac{\mathrm{d}v}{\mathrm{d}t} = mg$$

$$\frac{\mathrm{d}v}{\mathrm{d}t} = g$$

両辺 t で積分すると，

$$\int \frac{\mathrm{d}v}{\mathrm{d}t}\mathrm{d}t = \int g\mathrm{d}t$$

左辺は置換積分より，

$$\int 1\mathrm{d}v = \int g\mathrm{d}t$$

$$v = gt + v_0$$

積分定数 v_0 は初速度である。

　また，$v = gt + v_0$ の左辺は $\dfrac{\mathrm{d}x}{\mathrm{d}t}$ なので，

$$\frac{\mathrm{d}x}{\mathrm{d}t} = gt + v_0$$

両辺 t で積分すると，

$$\int \frac{\mathrm{d}x}{\mathrm{d}t}\mathrm{d}t = \int gt + v_0\mathrm{d}t$$

左辺は置換積分より，

$$\int 1\mathrm{d}x = \int gt + v_0\mathrm{d}t$$

$$x = \frac{1}{2}gt^2 + v_0 t + x_0$$

積分定数 x_0 は初期位置である。

問題 2.4

(1)

$$v_x = \int a_x \mathrm{d}t = \int 0 \mathrm{d}t = v_{x0} = v_0 \cos\theta_0$$

$$v_y = \int a_y \mathrm{d}t = \int (-g) \mathrm{d}t = -gt + v_{y0} = v_0 \sin\theta_0 - gt$$

(2)

$$x = \int v_x \mathrm{d}t = \int (v_0 \cos\theta_0) \mathrm{d}t = v_0 \cos\theta_0 t + x_0 = v_0 \cos\theta_0 t$$

$$y = \int v_y \mathrm{d}t = \int (v_0 \sin\theta_0 - gt) \mathrm{d}t$$

$$= v_0 \sin\theta_0 t - \frac{1}{2}gt^2 + y_0 = v_0 \sin\theta_0 t - \frac{1}{2}gt^2$$

$$(x, y) = \left(v_0 \cos\theta_0 t, \, v_0 \sin\theta_0 t - \frac{1}{2}gt^2 \right)$$

(3) (2) の y を平方完成すると,

$$y = -\frac{1}{2}g \left(t^2 - \frac{2v_0 \sin\theta_0}{g}t + \left(\frac{v_0 \sin\theta_0}{g} \right)^2 \right) + \frac{1}{2}g \cdot \left(\frac{v_0}{g} \right)^2$$

$$= -\frac{1}{2}g \left(t - \frac{v_0 \sin\theta_0}{g} \right)^2 + \frac{v_0^2}{2g} \sin^2\theta_0$$

よって,最高点の y 座標は,

$$y_{\max} = \frac{v_0^2 \sin^2\theta_0}{2g}$$

となる。最高点の時刻は,

$$t = \frac{v_0 \sin\theta_0}{g}$$

この時刻を (2) の x の式の t に代入して,

$$x = v_0 \cos\theta_0 \cdot \frac{v_0 \sin\theta_0}{g} = \frac{v_0^2 \sin\theta_0 \cos\theta_0}{g}$$

103

$$(x_{\max}, y_{\max}) = (\frac{v_0^2 \sin\theta_0 \cos\theta_0}{g}, \frac{v_0^2 \sin^2\theta_0}{2g})$$

また，最高点の条件は $\dfrac{\mathrm{d}y}{\mathrm{d}t} = v_y = 0$ より，

$$v_0 \sin\theta_0 - gt = 0$$

（$v_0 \sin\theta_0 = gt$ を利用してもよい。）

問題 2.5

(1) 運動方程式は，

$$m\frac{\mathrm{d}v}{\mathrm{d}t} = -kv$$

(2)

$$\frac{1}{v}\frac{\mathrm{d}v}{\mathrm{d}t} = -\frac{k}{m}$$

$$\int \frac{1}{v}\frac{\mathrm{d}v}{\mathrm{d}t}\mathrm{d}t = \int \left(-\frac{k}{m}\right)\mathrm{d}t$$

$$\int \frac{1}{v}\mathrm{d}v = \int \left(-\frac{k}{m}\right)\mathrm{d}t$$

$$\int \frac{1}{v}\mathrm{d}v = -\frac{k}{m}\int 1\mathrm{d}t$$

$$\log|v| = -\frac{k}{m}t + C$$

$$|v| = e^{-\frac{k}{m}t + C}$$

$$v = \pm e^{-\frac{k}{m}t} \cdot e^C$$

$C_0 = \pm e^C$ とおくと，

$$v = C_0 e^{-\frac{k}{m}t}$$

(3) 時刻 $t = 0$ のときの速度（初速度）が v_0 なので，

$$v_0 = C_0 e^{-\frac{k}{m}\cdot 0}$$

$e^0 = 1$ より，

$$v_0 = C_0$$

よって,

$$v = v_0 e^{-\frac{k}{m}t}$$

(4)

$$\log v = \log(v_0 e^{-\frac{k}{m}t}) = \log v_0 + \log e^{-\frac{k}{m}t}$$
$$= \log v_0 - \frac{k}{m}t$$

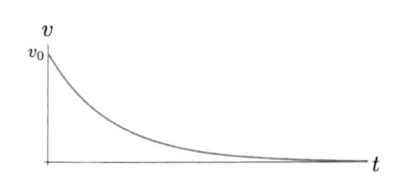 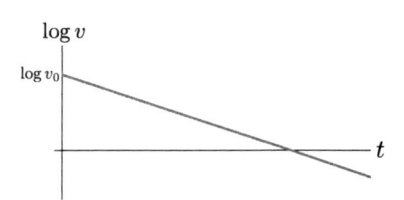

問題 2.6

(1) 運動方程式は,

$$m\frac{\mathrm{d}v}{\mathrm{d}t} = mg - kv$$

(2)

$$\frac{\mathrm{d}v}{\mathrm{d}t} = g - \frac{k}{m}v$$
$$\frac{\mathrm{d}v}{\mathrm{d}t} = -\frac{k}{m}\left(v - \frac{mg}{k}\right)$$
$$\frac{1}{v - \frac{mg}{k}}\frac{\mathrm{d}v}{\mathrm{d}t} = -\frac{k}{m}$$
$$\int \frac{1}{v - \frac{mg}{k}}\mathrm{d}v = -\frac{k}{m}\int 1\mathrm{d}t$$
$$\log\left|v - \frac{mg}{k}\right| = -\frac{k}{m}t + C$$

$$\left| v - \frac{mg}{k} \right| = e^{-\frac{k}{m}t + C}$$

$$\left| v - \frac{mg}{k} \right| = e^{-\frac{k}{m}t} e^{C}$$

$C_0 = e^C$ とおくと，

$$\left| v - \frac{mg}{k} \right| = C_0 e^{-\frac{k}{m}t}$$

(3) 時刻 $t = 0$ のときの速度（初速度）は 0 なので，

$$\left| 0 - \frac{mg}{k} \right| = C_0 e^{-\frac{k}{m} \cdot 0}$$

$e^0 = 1$ より，

$$\frac{mg}{k} = C_0$$

また，時刻 $t \to \infty$ のとき，$v \to v_\infty$ とすると，

$$\left| v_\infty - \frac{mg}{k} \right| = 0 \qquad\qquad \left(\lim_{x \to \infty} e^{-x} = 0 \text{ より} \right)$$

よって，

$$v_\infty = \frac{mg}{k}$$

すなわち，終端速度は $\dfrac{mg}{k}$ となる。左辺 $\left| v - \dfrac{mg}{k} \right|$ は必ず負になるので，絶対値を外すときに $-$ をつける。

$$-v + \frac{mg}{k} = \frac{mg}{k} e^{-\frac{k}{m}t}$$

$$v = \frac{mg}{k} - \frac{mg}{k} e^{-\frac{k}{m}t}$$

$$v = \frac{mg}{k} \left(1 - e^{-\frac{k}{m}t} \right)$$

(4) $y = 1 - e^{-x}$ の形のグラフとなる。

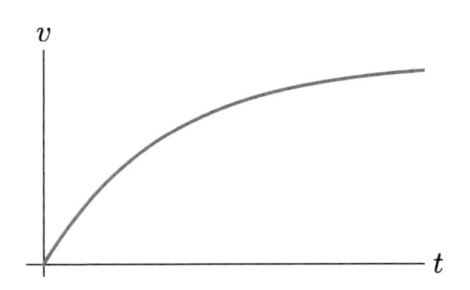

B.3 第 3 章 運動量と重心

問題 3.1

(1) 加速度の定義より,

$$a = \frac{v_2 - v_1}{\Delta t}$$

(2) 運動方程式は,

$$ma = F$$

(1) の結果を代入すると,

$$m\frac{v_2 - v_1}{\Delta t} = F$$

両辺を Δt 倍すると,

$$mv_2 - mv_1 = F\Delta t$$

問題 3.2

(1) 運動方程式より,

$$m\frac{\mathrm{d}v}{\mathrm{d}t} = F(t)$$

(2) 両辺を t で積分すると,

$$\int_{t_1}^{t_2} m\frac{\mathrm{d}v}{\mathrm{d}t}\mathrm{d}t = \int_{t_1}^{t_2} F(t)\mathrm{d}t$$

置換積分より,

$$\int_{v_1}^{v_2} m\mathrm{d}v = I$$
$$[mv]_{v_1}^{v_2} = I$$
$$mv_2 - mv_1 = I$$

問題 3.3

(1)

$$-F_A = F_B$$

(2)

$$m_A a_A = F_A$$
$$m_B a_B = F_B$$

(3) (2) を (1) に代入すると,

$$-m_A a_A = m_B a_B$$

両辺 t で積分すると,

$$-\int_t^{t'} m_A a_A \mathrm{d}t = \int_t^{t'} m_B a_B \mathrm{d}t$$

加速度を置き換えて,

$$-\int_t^{t'} m_A \frac{\mathrm{d}v_A}{\mathrm{d}t}\mathrm{d}t = \int_t^{t'} m_B \frac{\mathrm{d}v_B}{\mathrm{d}t}\mathrm{d}t$$

置換積分より,

$$-\int_{v_A}^{v'_A} m_A \mathrm{d}v_A = \int_{v_B}^{v'_B} m_B \mathrm{d}v_B$$

$$-[m_A v_A]_{v_A}^{v'_A} = [m_B v_B]_{v_B}^{v'_B}$$

$$-m_A v'_A - (-m_A v_A) = m_B v'_B - m_B v_B$$

$$m_A v_A + m_B v_B = m_A v'_A + m_B v'_B$$

問題 3.4

重心の位置 x_G の式を両辺 t で微分すると,

$$\frac{\mathrm{d}x_G}{\mathrm{d}t} = \frac{\mathrm{d}}{\mathrm{d}t}\left(\frac{m_1 x_1 + m_2 x_2}{m_1 + m_2}\right)$$

$$v_G = \frac{m_1}{m_1 + m_2}\frac{\mathrm{d}x_1}{\mathrm{d}t} + \frac{m_2}{m_1 + m_2}\frac{\mathrm{d}x_2}{\mathrm{d}t}$$

$$v_G = \frac{m_1}{m_1 + m_2}v_1 + \frac{m_2}{m_1 + m_2}v_2$$

$$v_G = \frac{m_1 v_1 + m_2 v_2}{m_1 + m_2}$$

問題 3.5

重心の速度 v_G が一定であれば,

$$v_G = \frac{m_1 v_1 + m_2 v_2}{m_1 + m_2} = \text{一定}$$

$$(m_1 + m_2)v_G = m_1 v_1 + m_2 v_2 = \text{一定}$$

となる。この式から 2 物体を 1 つの系としたときの運動量が一定と言える。また,2 物体の運動量の和が一定であると言える。よって,重心の速度が一定であれば運動量保存則が成り立つ。

問題 3.6

物体 1 が 2 から受ける力を F_{12},物体 2 が 1 から受ける力を F_{21} とする。作用反作用の法則より,$F_{12} = -F_{21}$ となる。また,それぞれの速度を v_1, v_2 とすると,運動方程式は,

$$m_1 \frac{\mathrm{d}v_1}{\mathrm{d}t} = F_1 + F_{12}$$

109

$$m_2 \frac{\mathrm{d}v_2}{\mathrm{d}t} = F_2 + F_{21}$$

2 式を足して，まとめると，

$$\frac{\mathrm{d}}{\mathrm{d}t}(m_1 v_1 + m_2 v_2) = F_1 + F_2$$

$$(m_1 + m_2)\frac{\mathrm{d}v_G}{\mathrm{d}t} = F_1 + F_2$$

問題 3.7

(1) 物体 1 が 2 から受ける力を F_{12} とする。作用反作用の法則より，$F_{12} = -F_{21}$ となる。また，それぞれの速度を v_1, v_2 とすると，運動方程式は，

$$m_1 \frac{\mathrm{d}v_1}{\mathrm{d}t} = F_1 + F_{12}$$

$$m_2 \frac{\mathrm{d}v_2}{\mathrm{d}t} = F_2 + F_{21}$$

下式 $\div m_2$ から上式 $\div m_1$ を引いて，まとめると，

$$\frac{\mathrm{d}}{\mathrm{d}t}(v_2 - v_1) = \frac{F_{21}}{m_2} - \frac{F_{12}}{m_1} + \frac{F_2}{m_2} - \frac{F_1}{m_1}$$

$$\frac{\mathrm{d}v_R}{\mathrm{d}t} = \left(\frac{1}{m_1} + \frac{1}{m_2}\right) F_{21} + \frac{F_2}{m_2} - \frac{F_1}{m_1}$$

$$\left(\frac{1}{m_1} + \frac{1}{m_2}\right)^{-1} \frac{\mathrm{d}v_R}{\mathrm{d}t} = F_{21} + \frac{-m_2 F_1 + m_1 F_2}{m_1 + m_2}$$

(2) (1) の答えにおいて，$F_1 = 0$，$F_2 = 0$ なので，

$$\mu \frac{\mathrm{d}v_R}{\mathrm{d}t} = F_{21}$$

問題 3.8

(1) 相対運動方程式は,

$$\left(\frac{1}{2m} + \frac{1}{m}\right)^{-1} a_R = -\mu' mg$$

$$\left(\frac{3}{2m}\right)^{-1} a_R = -\mu' mg$$

$$a_R = -\frac{3}{2}\mu' g$$

相対速度ははじめは $v_0 - (-v_0) = 2v_0$ で，一体となったときは 0 なので，

$$\int_0^t a_R \mathrm{d}t = -\frac{3}{2}\mu' gt + 2v_0 = 0$$

$$t = \frac{4v_0}{3\mu' g}$$

(2)

$$v = \int_0^t a_R \mathrm{d}t = -\frac{3}{2}\mu' gt + 2v_0$$

$$x = \int_0^t a_R \mathrm{d}t = -\int \frac{3}{2}\mu' gt \mathrm{d}t + \int 2v_0 \mathrm{d}t = -\frac{3}{4}\mu' gt^2 + 2v_0 t$$

$t = \dfrac{4v_0}{3\mu' g}$ を代入して，

$$x = -\frac{3}{4}\mu' g \cdot \frac{16v_0^2}{9(\mu' g)^2} + 2v_0 \cdot \frac{4v_0}{3\mu' g}$$

$$x = \frac{4v_0^2}{3\mu' g}$$

B.4　第4章 仕事とエネルギー

問題 4.1

(1)

$$
\begin{aligned}
W &= \int_h^0 -mg\mathrm{d}x \\
&= [-mgx]_h^0 \\
&= (-mg \cdot 0) - (-mgh) \\
&= mgh
\end{aligned}
$$

(2)

$$
\begin{aligned}
W &= \int_0^l -\mu'mg\mathrm{d}x \\
&= [-\mu'mg]_0^l \\
&= (-\mu'mgl) - (-\mu'mg \cdot 0) \\
&= -\mu'mgl
\end{aligned}
$$

(3)

$$
\begin{aligned}
W &= \int_0^l -ky\mathrm{d}y \\
&= \left[-\frac{1}{2}ky^2\right]_0^l \\
&= \left(-\frac{1}{2}kl^2\right) - \left(-\frac{1}{2}k(0)^2\right) \\
&= -\frac{1}{2}kl^2
\end{aligned}
$$

問題 4.2

(1)

$$
\begin{aligned}
W_g &= \int_0^L mg\mathrm{d}x \\
&= mgL
\end{aligned}
$$

(2)

$$W_e = \int_0^L (-kx)\mathrm{d}x$$
$$= \left[\frac{1}{2}kx^2\right]_0^L$$
$$= -\frac{1}{2}kL^2$$

(3)

$$W_n = \int_0^L -(mg - kx)\mathrm{d}x$$
$$= -mgL + \frac{1}{2}kL^2$$

問題 4.3

(1) $f(x) = x - L(L \leqq x \leqq 2L)$ より,

$$\frac{df(x)}{\mathrm{d}x} = 1$$
$$W_g = \int_L^{2L} (0 - mg \cdot 1)\,\mathrm{d}x$$
$$= [-mgx]_L^{2L}$$
$$= -mgL$$

(2)

$$W_g = \int_L^0 (0 - mg \cdot 0)\,\mathrm{d}x + \int_0^{2L} \left(0 - mg \cdot \frac{1}{2}\right)\mathrm{d}x$$
$$= \left[-\frac{1}{2}mgx\right]_0^{2L}$$
$$= -mgL$$

(3) $f(x) = \frac{1}{L}x^2 - 2x + L(L \leqq x \leqq 2L)$ より,

$$\frac{df(x)}{\mathrm{d}x} = \frac{2}{L}x - 2$$

$$W_g = \int_L^{2L} \left\{ 0 - mg \cdot (\frac{2}{L}x - 2) \right\} \mathrm{d}x$$

$$= -mg \left[\frac{x^2}{L} - 2x \right]_L^{2L}$$

$$= -mgL$$

問題 4.4

(1) 運動方程式は,

$$ma = F$$

(2) 両辺を l 倍すると,

$$mal = Fl$$

$v^2 - v_0^2 = 2al$ より, $\frac{1}{2}(v^2 - v_0^2) = al$ なので,

$$\frac{1}{2}m(v^2 - v_0^2) = Fl$$

$$\frac{1}{2}mv^2 - \frac{1}{2}mv_0^2 = W$$

問題 4.5

(1) 運動方程式は,

$$m\frac{\mathrm{d}v}{\mathrm{d}t} = F(x)$$

(2) 両辺に v をかけると,

$$mv\frac{\mathrm{d}v}{\mathrm{d}t} = F(x)v$$

ここで，$v = \dfrac{\mathrm{d}x}{\mathrm{d}t}$ より，右辺を置き換えてから両辺を t で積分すると，

$$\int_{t_1}^{t_2} mv\frac{\mathrm{d}v}{\mathrm{d}t}\mathrm{d}t = \int_{t_1}^{t_2} F(x)\frac{\mathrm{d}x}{\mathrm{d}t}\mathrm{d}t$$

置換積分の式より，

$$\int_{v_1}^{v_2} mv\mathrm{d}v = \int_{x_1}^{x_2} F(x)\mathrm{d}x$$

$$\left[\frac{1}{2}mv^2\right]_{v_1}^{v_2} = W$$

$$\frac{1}{2}mv_2^2 - \frac{1}{2}mv_1^2 = W$$

問題 4.6

$$U = \int_h^0 -mg\mathrm{d}y$$
$$= [-mgy]_h^0$$
$$= -mg\cdot 0 - (-mgh)$$
$$= mgh$$

問題 4.7

$$U = \int_x^0 -kx\mathrm{d}x$$
$$= \left[-\frac{1}{2}kx\right]_x^0$$
$$= -\frac{1}{2}k\cdot(0)^2 - \left(-\frac{1}{2}kx^2\right)$$
$$= \frac{1}{2}kx^2$$

問題 4.8

$$U = \int_r^\infty -G\frac{Mm}{x^2}\mathrm{d}x$$

$$= \left[G\frac{Mm}{x} \right]_r^\infty$$

$$= 0 - G\frac{Mm}{r}$$

$$= -G\frac{Mm}{r}$$

問題 4.9

(1) 運動方程式は,

$$m\frac{\mathrm{d}v}{\mathrm{d}t} = -mg$$

(2) 両辺に v をかける。ただし, 右辺は $\dfrac{\mathrm{d}x}{\mathrm{d}t}$ の形で書ける。

$$mv\frac{\mathrm{d}v}{\mathrm{d}t} = -mg\frac{\mathrm{d}x}{\mathrm{d}t}$$

両辺を t で積分する。

$$\int mv\frac{\mathrm{d}v}{\mathrm{d}t}\mathrm{d}t = -mg\int \frac{\mathrm{d}x}{\mathrm{d}t}\mathrm{d}t$$

左辺は置換積分の形なので, v の積分に変換する。

$$\int mv\,\mathrm{d}v = -mg\int 1\mathrm{d}x$$

積分を実行して,

$$\frac{1}{2}mv^2 = -mgx + C$$

$$\frac{1}{2}mv^2 + mgx = C$$

よって, 力学的エネルギー（運動エネルギーと重力による位置エネルギーの和）は一定である。

問題 4.10

(1) 物体にはたらく張力を T, 面から受ける垂直抗力を N とすると, 物体が受ける動摩擦力は $-\mu' N$ である。物体の水平方向の運動方程式は,

$$m\frac{\mathrm{d}v}{\mathrm{d}t} = T - \mu' N$$

また, 物体の鉛直方向の力のつりあいの式は,

$$N = mg$$

一方, おもりの運動方程式は, 鉛直下向きを正として,

$$M\frac{\mathrm{d}v}{\mathrm{d}t} = Mg - T$$

この 2 式を物体の水平方向の運動方程式に代入して,

$$m\frac{\mathrm{d}v}{\mathrm{d}t} = Mg - M\frac{\mathrm{d}v}{\mathrm{d}t} - \mu' mg$$

$$(M + m)\frac{\mathrm{d}v}{\mathrm{d}t} = Mg - \mu' mg$$

よって, 加速度は,

$$\frac{\mathrm{d}v}{\mathrm{d}t} = \frac{M - \mu' m}{M + m}g$$

(2) 両辺に v をかける。ただし, 右辺は $\dfrac{\mathrm{d}x}{\mathrm{d}t}$ の形で書ける。

$$(M + m)v\frac{\mathrm{d}v}{\mathrm{d}t} = (Mg - \mu' mg)\frac{\mathrm{d}x}{\mathrm{d}t}$$

両辺を区間 $[t_0, t_1]$ で積分すると,

$$\int_{t_0}^{t_1} (M + m)v\frac{\mathrm{d}v}{\mathrm{d}t}\mathrm{d}t = \int_{t_0}^{t_1} (Mg - \mu' mg)\frac{\mathrm{d}x}{\mathrm{d}t}\mathrm{d}t$$

$$\int_{v_0}^{V} (M + m)v\mathrm{d}v = \int_{0}^{l} (Mg - \mu' mg)\mathrm{d}x$$

$$\left[\frac{1}{2}(M + m)v^2\right]_{v_0}^{V} = [Mgx - \mu' mgx]_0^l$$

$$\frac{1}{2}(M + m)V^2 - \frac{1}{2}(M + m)v_0^2 = Mgl - \mu' mgl$$

よって，運動エネルギーの変化は，重力がした仕事と摩擦力がした（負の）仕事の和で与えられる。

(3) 求める物体の速度を V とおくと，(2) の式より，

$$\frac{1}{2}(M+m)V^2 - \frac{1}{2}(M+m)\cdot 0^2 = Mgl - \mu' mgl$$

$$\frac{1}{2}(M+m)V^2 = (M - \mu' m)gl$$

$$V^2 = 2gl\frac{(M - \mu' m)}{M+m}$$

$$V = \sqrt{2gl\frac{(M - \mu' m)}{M+m}}$$

問題 4.11

$$K_G + K_R = \frac{1}{2}(m_1 + m_2)\left(\frac{m_1 v_1 + m_2 v_2}{m_1 + m_2}\right)^2 + \frac{1}{2}\left(\frac{1}{m_1} + \frac{1}{m_2}\right)^{-1} v_R^2$$

$$= \frac{1}{2}\frac{(m_1 v_1 + m_2 v_2)^2}{m_1 + m_2} + \frac{1}{2}\frac{m_1 m_2}{m_1 + m_2}(v_2 - v_1)^2$$

$$= \frac{1}{2}\frac{m_1^2 v_1^2 + 2m_1 m_2 v_1 v_2 + m_2^2 v_2^2 + m_1 m_2 v_2^2 - 2m_1 m_2 v_1 v_2 + m_1 m_2 v_1^2}{m_1 + m_2}$$

$$= \frac{1}{2}\frac{m_1^2 v_1^2 + m_2^2 v_2^2 + m_1 m_2 v_2^2 + m_1 m_2 v_1^2}{m_1 + m_2}$$

$$= \frac{1}{2}\frac{m_1(m_1 + m_2)v_1^2 + m_2(m_1 + m_2)v_2^2}{m_1 + m_2}$$

$$= \frac{1}{2}m_1 v_1^2 + \frac{1}{2}m_2 v_2^2$$

B.5 第 5 章 単振動

問題 5.1

(1) $\theta = \omega t + \phi_0$ とおくと，$x = A\sin\theta$ と書ける。

$$v = \frac{\mathrm{d}x}{\mathrm{d}t} = \frac{\mathrm{d}x}{\mathrm{d}\theta}\frac{\mathrm{d}\theta}{\mathrm{d}t}$$
$$= \frac{\mathrm{d}(A\sin\theta)}{\mathrm{d}\theta}\frac{\mathrm{d}(\omega t + \phi_0)}{\mathrm{d}t}$$
$$= A\cos\theta \cdot \omega$$
$$= A\omega\cos(\omega t + \phi_0)$$

(2) $\theta = \omega t + \phi_0$ とおくと，$v = A\omega\cos\theta$ と書ける。

$$a = \frac{\mathrm{d}v}{\mathrm{d}t} = \frac{\mathrm{d}v}{\mathrm{d}\theta}\frac{\mathrm{d}\theta}{\mathrm{d}t}$$
$$= \frac{\mathrm{d}(A\omega\cos\theta)}{\mathrm{d}\theta}\frac{\mathrm{d}(\omega t + \phi_0)}{\mathrm{d}t}$$
$$= -A\omega\sin\theta \cdot \omega$$
$$= -A\omega^2\sin(\omega t + \phi_0)$$

問題 5.2

(1) 運動方程式は，
$$m\frac{\mathrm{d}^2 x}{\mathrm{d}t^2} = -kx$$

(2)
$$m\frac{\mathrm{d}v}{\mathrm{d}t} = -kx$$
$$mv\frac{\mathrm{d}v}{\mathrm{d}t} = -kxv$$
$$mv\frac{\mathrm{d}v}{\mathrm{d}t} = -kx\frac{\mathrm{d}x}{\mathrm{d}t}$$

両辺を t で積分すると，

$$\int mv\frac{\mathrm{d}v}{\mathrm{d}t}\mathrm{d}t = \int (-kx)\frac{\mathrm{d}x}{\mathrm{d}t}\mathrm{d}t$$

置換積分より，
$$\int mv\mathrm{d}v = \int (-kx)\mathrm{d}x$$

119

$$\frac{1}{2}mv^2 = -\frac{1}{2}kx^2 + C$$

$$\frac{1}{2}mv^2 + \frac{1}{2}kx^2 = C$$

よって，力学的エネルギー（運動エネルギー $\frac{1}{2}mv^2$ と弾性力による位置エネルギー $\frac{1}{2}kx^2$ の和）は一定である。

問題 5.3

(1) 題意より，

$$\frac{1}{2}mv^2 + \frac{1}{2}kx^2 = \frac{1}{2}kA^2$$

$$v^2 = \frac{k}{m}(A^2 - x^2)$$

$$v = \pm\sqrt{\frac{k}{m}}\sqrt{A^2 - x^2}$$

(2)

$$\frac{\mathrm{d}x}{\mathrm{d}t} = \pm\sqrt{\frac{k}{m}}\sqrt{A^2 - x^2}$$

$$\frac{1}{\sqrt{A^2 - x^2}}\frac{\mathrm{d}x}{\mathrm{d}t} = \pm\sqrt{\frac{k}{m}}$$

両辺 t で積分して，

$$\int \frac{1}{\sqrt{A^2 - x^2}}\frac{\mathrm{d}x}{\mathrm{d}t}\mathrm{d}t = \pm\sqrt{\frac{k}{m}}\int 1\mathrm{d}t$$

$$\int \frac{1}{\sqrt{A^2 - x^2}}\mathrm{d}x = \pm\sqrt{\frac{k}{m}}\int 1\mathrm{d}t$$

$x = A\sin\theta$ と置くと，

$$\int \frac{1}{\sqrt{A^2 - A^2\sin^2\theta}}\frac{\mathrm{d}x}{\mathrm{d}\theta}\mathrm{d}\theta = \pm\sqrt{\frac{k}{m}}\int 1\mathrm{d}t$$

$$\int \frac{1}{A\cos\theta}\cdot A\cos\theta\mathrm{d}\theta = \pm\sqrt{\frac{k}{m}}\int 1\mathrm{d}t$$

$$\int \mathrm{d}\theta = \pm\sqrt{\frac{k}{m}} \int 1 \mathrm{d}t$$

$$\theta = \pm\sqrt{\frac{k}{m}}\,t + \phi$$

ここで, ϕ は積分定数である。

ゆえに,

$$x = A\sin\left(\pm\sqrt{\frac{k}{m}}\,t + \phi\right)$$

ここで, $\sin(-\alpha + \phi) = \sin(\alpha + \phi + \pi)$ なので, 積分定数 (初期位相) ϕ の中に定数 π を含むことができるから,

$$x = A\sin\left(\sqrt{\frac{k}{m}}\,t + \phi\right)$$

と表される。

問題 5.4

(1) 運動方程式は,

$$m\frac{\mathrm{d}^2 x}{\mathrm{d}t^2} = mg - kx$$

(2) $X = x - \dfrac{mg}{k}$ より, t で微分して,

$$\frac{\mathrm{d}X}{\mathrm{d}t} = \frac{\mathrm{d}x}{\mathrm{d}t} - 0 = \frac{\mathrm{d}x}{\mathrm{d}t}$$

さらに微分して,

$$\frac{\mathrm{d}^2 X}{\mathrm{d}t^2} = \frac{\mathrm{d}^2 x}{\mathrm{d}t^2}$$

となる。よって,

$$m\frac{\mathrm{d}^2 x}{\mathrm{d}t^2} = -k\left(x - \frac{mg}{k}\right)$$

$$m\frac{\mathrm{d}^2 X}{\mathrm{d}t^2} = -kX$$

(3) 運動方程式は，

$$m\frac{\mathrm{d}^2 X}{\mathrm{d}t^2} = -kX$$

なので，問題 5.2 と 5.3 と同様に，

$$X = A\sin\left(\sqrt{\frac{k}{m}}t + \phi\right)$$

となる。$X = x - \frac{mg}{k}$ より，

$$x - \frac{mg}{k} = A\sin\left(\sqrt{\frac{k}{m}}t + \phi\right)$$

$$x = \frac{mg}{k} + A\sin\left(\sqrt{\frac{k}{m}}t + \phi\right)$$

よって，つりあいの位置 $x = \dfrac{mg}{k}$ を中心に単振動することがわかる。

問題 5.5

(1) 運動方程式は，

$$m\frac{\mathrm{d}^2 x}{\mathrm{d}t^2} = -kx + \mu' mg$$

(2) $X = x - \dfrac{\mu' mg}{k}$ より，t で微分して，

$$\frac{\mathrm{d}X}{\mathrm{d}t} = \frac{\mathrm{d}x}{\mathrm{d}t} - 0 = \frac{\mathrm{d}x}{\mathrm{d}t}$$

さらに微分して，

$$\frac{\mathrm{d}^2 X}{\mathrm{d}t^2} = \frac{\mathrm{d}^2 x}{\mathrm{d}t^2}$$

となる。よって，

$$m\frac{\mathrm{d}^2 x}{\mathrm{d}t^2} = -k\left(x - \frac{\mu' mg}{k}\right)$$

$$m\frac{\mathrm{d}^2 X}{\mathrm{d}t^2} = -kX$$

(3) 運動方程式は,

$$m\frac{\mathrm{d}^2 X}{\mathrm{d}t^2} = -kX$$

なので，前問と同様に,

$$X = A\sin\left(\sqrt{\frac{k}{m}}t + \frac{\pi}{2}\right)$$

となる。$X = x - \dfrac{\mu' mg}{k}$ より,

$$x - \frac{\mu' mg}{k} = A\sin\left(\sqrt{\frac{k}{m}}t + \frac{\pi}{2}\right)$$

$$x = \frac{\mu' mg}{k} + A\cos\left(\sqrt{\frac{k}{m}}t\right)$$

ここで，初期条件 $t = 0$ で $x = L$ より,

$$L = \frac{\mu' mg}{k} + A$$

$$L - \frac{\mu' mg}{k} = A$$

となるから,

$$x = \frac{\mu' mg}{k} + \left(L - \frac{\mu' mg}{k}\right)\cos\left(\sqrt{\frac{k}{m}}t\right)$$

よって，つりあいの位置 $x = \dfrac{\mu' mg}{k}$ を中心に，振幅 $L - \dfrac{\mu' mg}{k}$ で単振動することがわかる。

(4)

$$x = \frac{\mu' mg}{k} + \left(L - \frac{\mu' mg}{k}\right)\cos\left(\sqrt{\frac{k}{m}}t\right)$$

を t で微分して,

$$v = \frac{\mathrm{d}x}{\mathrm{d}t} = -\left(L - \frac{\mu' mg}{k}\right)\sqrt{\frac{k}{m}}\sin\left(\sqrt{\frac{k}{m}}t\right)$$

(5) $v = 0$ より，

$$0 = -\left(L - \frac{\mu' mg}{k}\right)\sqrt{\frac{k}{m}}\sin\left(\sqrt{\frac{k}{m}}t\right)$$

$$0 = \sin\left(\sqrt{\frac{k}{m}}t\right)$$

$$\sqrt{\frac{k}{m}}t = 0, \pi, 2\pi, \ldots$$

題意より，時刻 $t = 0$ の次なので，

$$t = \pi\sqrt{\frac{m}{k}}$$

(6) (3) で求めた

$$x = \frac{\mu' mg}{k} + \left(L - \frac{\mu' mg}{k}\right)\cos\left(\sqrt{\frac{k}{m}}t\right)$$

に，$t = \pi\sqrt{\frac{m}{k}}$ で $x = x_1$ を代入して，

$$x_1 = \frac{\mu' mg}{k} + \left(L - \frac{\mu' mg}{k}\right)\cdot(-1)$$

$$x_1 = -L + \frac{2\mu' mg}{k}$$

問題 5.6

(1) 運動方程式は，

$$m\frac{\mathrm{d}^2 x}{\mathrm{d}t^2} = -kx - \mu' mg$$

(2) $X' = x + \frac{\mu' mg}{k}$ より，

$$\frac{\mathrm{d}X'}{\mathrm{d}t} = \frac{\mathrm{d}x}{\mathrm{d}t} - 0 = \frac{\mathrm{d}x}{\mathrm{d}t}$$

さらに微分して，

$$\frac{\mathrm{d}^2 X'}{\mathrm{d}t^2} = \frac{\mathrm{d}^2 x}{\mathrm{d}t^2}$$

となる。よって，

$$m\frac{\mathrm{d}^2 x}{\mathrm{d}t^2} = -k\left(x + \frac{\mu' m g}{k}\right)$$

$$m\frac{\mathrm{d}^2 X'}{\mathrm{d}t^2} = -kX'$$

(3) 運動方程式が

$$m\frac{\mathrm{d}^2 X'}{\mathrm{d}t^2} = -kX'$$

と表されるので，前問と同様に，

$$X' = A' \cos\left(\sqrt{\frac{k}{m}}t\right)$$

となる。$X' = x + \dfrac{\mu' m g}{k}$ より，

$$x + \frac{\mu' m g}{k} = A' \cos\left(\sqrt{\frac{k}{m}}t\right)$$

$$x = -\frac{\mu' m g}{k} + A' \cos\left(\sqrt{\frac{k}{m}}t\right)$$

ここで，初期条件 $t = \pi\sqrt{\dfrac{m}{k}}$ で $x = x_1 = -L + \dfrac{2\mu' m g}{k}$ より，

$$-L + \frac{2\mu' m g}{k} = \frac{\mu' m g}{k} - A'$$

$$L - \frac{3\mu' m g}{k} = A'$$

となるから，

$$x = -\frac{\mu'mg}{k} + \left(L - \frac{3\mu'mg}{k}\right)\cos\left(\sqrt{\frac{k}{m}}t\right)$$

よって，つりあいの位置 $x = -\dfrac{\mu'mg}{k}$ を中心に，振幅 $L - \dfrac{3\mu'mg}{k}$ で単振動することがわかる。

(4)

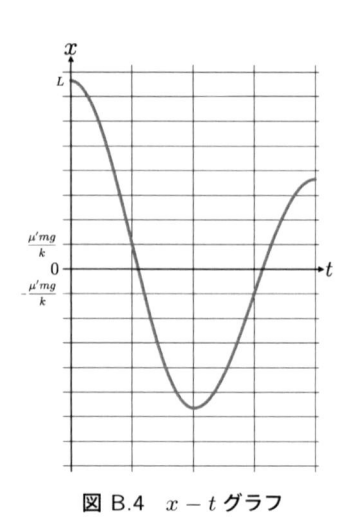

図 B.4　$x-t$ グラフ

B.6　第 6 章 座標変換と円運動

問題 6.1

$$x = r\cos\theta$$
$$y = r\sin\theta$$

問題 6.2

(1)

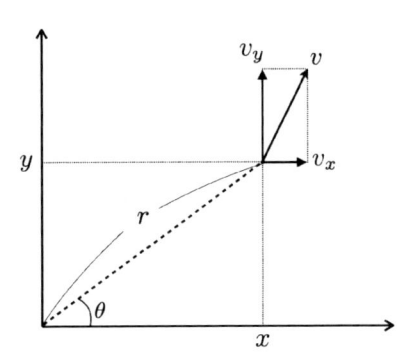

図 B.5　速度ベクトルの x 成分，y 成分

(2)

$$v_x = \frac{\mathrm{d}x}{\mathrm{d}t} = \frac{\mathrm{d}(r\cos\theta)}{\mathrm{d}t}$$

積の微分法より，

$$v_x = \frac{\mathrm{d}r}{\mathrm{d}t}\cos\theta + r\frac{\mathrm{d}(\cos\theta)}{\mathrm{d}t}$$

合成関数の微分より，

$$v_x = \frac{\mathrm{d}r}{\mathrm{d}t}\cos\theta + r\frac{\mathrm{d}(\cos\theta)}{\mathrm{d}\theta}\frac{\mathrm{d}\theta}{\mathrm{d}t}$$

$$= \frac{\mathrm{d}r}{\mathrm{d}t}\cos\theta - r\sin\theta\frac{\mathrm{d}\theta}{\mathrm{d}t}$$

(3)

$$v_y = \frac{\mathrm{d}y}{\mathrm{d}t} = \frac{\mathrm{d}(r\sin\theta)}{\mathrm{d}t}$$

積の微分法より，

$$v_y = \frac{\mathrm{d}r}{\mathrm{d}t}\sin\theta + r\frac{\mathrm{d}(\sin\theta)}{\mathrm{d}t}$$

合成関数の微分より，

$$v_y = \frac{\mathrm{d}r}{\mathrm{d}t}\sin\theta + r\frac{\mathrm{d}(\sin\theta)}{\mathrm{d}\theta}\frac{\mathrm{d}\theta}{\mathrm{d}t}$$

$$= \frac{\mathrm{d}r}{\mathrm{d}t}\sin\theta + r\cos\theta\frac{\mathrm{d}\theta}{\mathrm{d}t}$$

補足 ここで，登場する $\frac{\mathrm{d}\theta}{\mathrm{d}t}$ は角速度であり，高校物理では ω として表現することが多い。

(4) 図に v_x, v_y を描き，それぞれを r, θ 方向に分解すると，

$$v_r = v_x\cos\theta + v_y\sin\theta$$

$$v_\theta = -v_x\sin\theta + v_y\cos\theta$$

(5)

$$v_r = \left(\frac{\mathrm{d}r}{\mathrm{d}t}\cos\theta - r\sin\theta\frac{\mathrm{d}\theta}{\mathrm{d}t}\right)\cos\theta + \left(\frac{\mathrm{d}r}{\mathrm{d}t}\sin\theta + r\cos\theta\frac{\mathrm{d}\theta}{\mathrm{d}t}\right)\sin\theta$$

$$= \frac{\mathrm{d}r}{\mathrm{d}t}\cos^2\theta - r\sin\theta\cos\theta\frac{\mathrm{d}\theta}{\mathrm{d}t} + \frac{\mathrm{d}r}{\mathrm{d}t}\sin^2\theta + r\sin\theta\cos\theta\frac{\mathrm{d}\theta}{\mathrm{d}t}$$

$$= \frac{\mathrm{d}r}{\mathrm{d}t}\cos^2\theta + \frac{\mathrm{d}r}{\mathrm{d}t}\sin^2\theta$$

$$= \frac{\mathrm{d}r}{\mathrm{d}t}\left(\cos^2\theta + \sin^2\theta\right)$$

$$= \frac{\mathrm{d}r}{\mathrm{d}t}$$

(6)

$$v_\theta = -\left(\frac{\mathrm{d}r}{\mathrm{d}t}\cos\theta - r\sin\theta\frac{\mathrm{d}\theta}{\mathrm{d}t}\right)\sin\theta + \left(\frac{\mathrm{d}r}{\mathrm{d}t}\sin\theta + r\cos\theta\frac{\mathrm{d}\theta}{\mathrm{d}t}\right)\cos\theta$$

$$= -\frac{\mathrm{d}r}{\mathrm{d}t}\sin\theta\cos\theta + r\sin^2\theta\frac{\mathrm{d}\theta}{\mathrm{d}t} + \frac{\mathrm{d}r}{\mathrm{d}t}\sin\theta\cos\theta + r\cos^2\theta\frac{\mathrm{d}\theta}{\mathrm{d}t}$$

$$= r \sin^2 \theta \frac{\mathrm{d}\theta}{\mathrm{d}t} + r \cos^2 \theta \frac{\mathrm{d}\theta}{\mathrm{d}t}$$
$$= r \frac{\mathrm{d}\theta}{\mathrm{d}t} \left(\sin^2 \theta + \cos^2 \theta \right)$$
$$= r \frac{\mathrm{d}\theta}{\mathrm{d}t}$$
$$= r\omega$$

(7) $r = $ 一定より,

$$v_r = \frac{\mathrm{d}r}{\mathrm{d}t} = 0$$

また, $r = $ 一定, $\omega = $ 一定より,

$$v_\theta = r\omega = 一定$$

よって, 物体の速度は, r（半径）方向には速度は 0 で, θ（円の接線）方向には一定の速度 $r\omega$ と表される。

問題 6.3

(1)

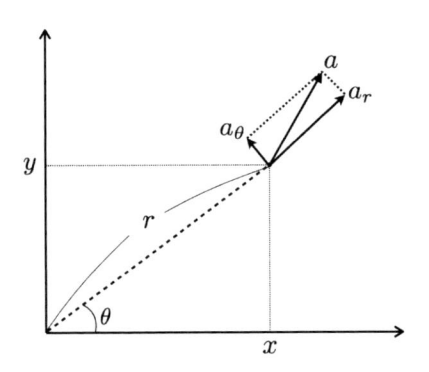

図 B.6　加速度ベクトルの r 成分, θ 成分

(2) $a_x = \dfrac{\mathrm{d}v_x}{\mathrm{d}t}$ より，

$$a_x = \frac{\mathrm{d}}{\mathrm{d}t}\left(\frac{\mathrm{d}r}{\mathrm{d}t}\cos\theta - r\sin\theta\frac{\mathrm{d}\theta}{\mathrm{d}t}\right)$$

$$= \frac{\mathrm{d}^2 r}{\mathrm{d}t^2}\cos\theta + \frac{\mathrm{d}r}{\mathrm{d}t}\frac{\mathrm{d}\left(\cos\theta\right)}{\mathrm{d}t}$$

$$\quad - \frac{\mathrm{d}r}{\mathrm{d}t}\sin\theta\frac{\mathrm{d}\theta}{\mathrm{d}t} - r\frac{\mathrm{d}\left(\sin\theta\right)}{\mathrm{d}t}\frac{\mathrm{d}\theta}{\mathrm{d}t} - r\sin\theta\frac{\mathrm{d}^2\theta}{\mathrm{d}t^2}$$

$$= \frac{\mathrm{d}^2 r}{\mathrm{d}t^2}\cos\theta - \frac{\mathrm{d}r}{\mathrm{d}t}\frac{\mathrm{d}\theta}{\mathrm{d}t}\sin\theta - \frac{\mathrm{d}r}{\mathrm{d}t}\sin\theta\frac{\mathrm{d}\theta}{\mathrm{d}t} - r\cos\theta\left(\frac{\mathrm{d}\theta}{\mathrm{d}t}\right)^2 - r\sin\theta\frac{\mathrm{d}^2\theta}{\mathrm{d}t^2}$$

$$= \frac{\mathrm{d}^2 r}{\mathrm{d}t^2}\cos\theta - 2\frac{\mathrm{d}r}{\mathrm{d}t}\frac{\mathrm{d}\theta}{\mathrm{d}t}\sin\theta - r\cos\theta\left(\frac{\mathrm{d}\theta}{\mathrm{d}t}\right)^2 - r\sin\theta\frac{\mathrm{d}^2\theta}{\mathrm{d}t^2}$$

(3) $a_y = \dfrac{\mathrm{d}v_y}{\mathrm{d}t}$ より，

$$a_y = \frac{\mathrm{d}}{\mathrm{d}t}\left(\frac{\mathrm{d}r}{\mathrm{d}t}\sin\theta + r\cos\theta\frac{\mathrm{d}\theta}{\mathrm{d}t}\right)$$

$$= \frac{\mathrm{d}^2 r}{\mathrm{d}t^2}\sin\theta + \frac{\mathrm{d}r}{\mathrm{d}t}\frac{\mathrm{d}\left(\sin\theta\right)}{\mathrm{d}t} + \frac{\mathrm{d}r}{\mathrm{d}t}\cos\theta\frac{\mathrm{d}\theta}{\mathrm{d}t} + r\frac{\mathrm{d}\left(\cos\theta\right)}{\mathrm{d}t}\frac{\mathrm{d}\theta}{\mathrm{d}t} + r\cos\theta\frac{\mathrm{d}^2\theta}{\mathrm{d}t^2}$$

$$= \frac{\mathrm{d}^2 r}{\mathrm{d}t^2}\sin\theta + \frac{\mathrm{d}r}{\mathrm{d}t}\cos\theta\frac{\mathrm{d}\theta}{\mathrm{d}t} + \frac{\mathrm{d}r}{\mathrm{d}t}\cos\theta\frac{\mathrm{d}\theta}{\mathrm{d}t} - r\sin\theta\left(\frac{\mathrm{d}\theta}{\mathrm{d}t}\right)^2 + r\cos\theta\frac{\mathrm{d}^2\theta}{\mathrm{d}t^2}$$

$$= \frac{\mathrm{d}^2 r}{\mathrm{d}t^2}\sin\theta + 2\frac{\mathrm{d}r}{\mathrm{d}t}\frac{\mathrm{d}\theta}{\mathrm{d}t}\cos\theta - r\sin\theta\left(\frac{\mathrm{d}\theta}{\mathrm{d}t}\right)^2 + r\cos\theta\frac{\mathrm{d}^2\theta}{\mathrm{d}t^2}$$

(4) 図に a_r, a_θ を描き，それぞれを r, θ 方向に分解すると，

$$a_r = a_x\cos\theta + a_y\sin\theta$$

$$a_\theta = -a_x\sin\theta + a_y\cos\theta$$

(5)

$$a_r = \left(\frac{\mathrm{d}^2 r}{\mathrm{d}t^2}\cos\theta - 2\frac{\mathrm{d}r}{\mathrm{d}t}\frac{\mathrm{d}\theta}{\mathrm{d}t}\sin\theta - r\cos\theta\left(\frac{\mathrm{d}\theta}{\mathrm{d}t}\right)^2 - r\sin\theta\frac{\mathrm{d}^2\theta}{\mathrm{d}t^2}\right)\cos\theta$$

$$+ \left(\frac{\mathrm{d}^2 r}{\mathrm{d}t^2}\sin\theta + 2\frac{\mathrm{d}r}{\mathrm{d}t}\frac{\mathrm{d}\theta}{\mathrm{d}t}\cos\theta - r\sin\theta\left(\frac{\mathrm{d}\theta}{\mathrm{d}t}\right)^2 + r\cos\theta\frac{\mathrm{d}^2\theta}{\mathrm{d}t^2}\right)\sin\theta$$

$$= \frac{\mathrm{d}^2 r}{\mathrm{d}t^2}\cos^2\theta - 2\frac{\mathrm{d}r}{\mathrm{d}t}\frac{\mathrm{d}\theta}{\mathrm{d}t}\sin\theta\cos\theta - r\cos^2\theta\left(\frac{\mathrm{d}\theta}{\mathrm{d}t}\right)^2 - r\sin\theta\cos\theta\frac{\mathrm{d}^2\theta}{\mathrm{d}t^2}$$
$$+ \frac{\mathrm{d}^2 r}{\mathrm{d}t^2}\sin^2\theta + 2\frac{\mathrm{d}r}{\mathrm{d}t}\frac{\mathrm{d}\theta}{\mathrm{d}t}\sin\theta\cos\theta - r\sin^2\theta\left(\frac{\mathrm{d}\theta}{\mathrm{d}t}\right)^2 + r\sin\theta\cos\theta\frac{\mathrm{d}^2\theta}{\mathrm{d}t^2}$$

$$= \frac{\mathrm{d}^2 r}{\mathrm{d}t^2}\cos^2\theta + \frac{\mathrm{d}^2 r}{\mathrm{d}t^2}\sin^2\theta - r\cos^2\theta\left(\frac{\mathrm{d}\theta}{\mathrm{d}t}\right)^2 - r\sin^2\theta\left(\frac{\mathrm{d}\theta}{\mathrm{d}t}\right)^2$$
$$= \frac{\mathrm{d}^2 r}{\mathrm{d}t^2} - r\left(\frac{\mathrm{d}\theta}{\mathrm{d}t}\right)^2$$

(6)

$$a_\theta = -\left(\frac{\mathrm{d}^2 r}{\mathrm{d}t^2}\cos\theta - 2\frac{\mathrm{d}r}{\mathrm{d}t}\frac{\mathrm{d}\theta}{\mathrm{d}t}\sin\theta - r\cos\theta\left(\frac{\mathrm{d}\theta}{\mathrm{d}t}\right)^2 - r\sin\theta\frac{\mathrm{d}^2\theta}{\mathrm{d}t^2}\right)\sin\theta$$
$$+ \left(\frac{\mathrm{d}^2 r}{\mathrm{d}t^2}\sin\theta + 2\frac{\mathrm{d}r}{\mathrm{d}t}\frac{\mathrm{d}\theta}{\mathrm{d}t}\cos\theta - r\sin\theta\left(\frac{\mathrm{d}\theta}{\mathrm{d}t}\right)^2 + r\cos\theta\frac{\mathrm{d}^2\theta}{\mathrm{d}t^2}\right)\cos\theta$$

$$= -\frac{\mathrm{d}^2 r}{\mathrm{d}t^2}\sin\theta\cos\theta + 2\frac{\mathrm{d}r}{\mathrm{d}t}\frac{\mathrm{d}\theta}{\mathrm{d}t}\sin^2\theta + r\sin\theta\cos\theta\left(\frac{\mathrm{d}\theta}{\mathrm{d}t}\right)^2 + r\sin^2\theta\frac{\mathrm{d}^2\theta}{\mathrm{d}t^2}$$
$$+ \frac{\mathrm{d}^2 r}{\mathrm{d}t^2}\sin\theta\cos\theta + 2\frac{\mathrm{d}r}{\mathrm{d}t}\frac{\mathrm{d}\theta}{\mathrm{d}t}\cos^2\theta - r\sin\theta\cos\theta\left(\frac{\mathrm{d}\theta}{\mathrm{d}t}\right)^2 + r\cos^2\theta\frac{\mathrm{d}^2\theta}{\mathrm{d}t^2}$$

$$= 2\frac{\mathrm{d}r}{\mathrm{d}t}\frac{\mathrm{d}\theta}{\mathrm{d}t} + r\frac{\mathrm{d}^2\theta}{\mathrm{d}t^2}$$

(7) $r = $ 一定より,

$$\frac{\mathrm{d}r}{\mathrm{d}t} = 0$$

さらに微分して,

$$\frac{\mathrm{d}^2 r}{\mathrm{d}t^2} = 0$$

である。また, $\omega = $ 一定より,

$$\omega = \frac{\mathrm{d}\theta}{\mathrm{d}t} = 一定$$

131

さらに微分して，

$$\frac{\mathrm{d}^2\theta}{\mathrm{d}t^2} = 0$$

である。よって，(4), (5) の式に代入して，

$$a_r = 0 - r\omega^2 = -r\omega^2$$

$$a_\theta = 2 \cdot 0 \cdot \omega + r \cdot 0 = 0$$

よって，物体の加速度は円の中心向きに大きさ $r\omega^2$ となる。

問題 6.4

(1)

$$\vec{e_r} = \cos\theta \vec{e_x} + \sin\theta \vec{e_y}$$

$$\vec{e_\theta} = -\sin\theta \vec{e_x} + \cos\theta \vec{e_y}$$

(2) (1) の答えを微分する。

$$\frac{\mathrm{d}}{\mathrm{d}t}(\vec{e_r}) = -\sin\theta \frac{\mathrm{d}\theta}{\mathrm{d}t}\vec{e_x} + \cos\theta \frac{\mathrm{d}\theta}{\mathrm{d}t}\vec{e_y} = \frac{\mathrm{d}\theta}{\mathrm{d}t}\vec{e_\theta}$$

$$\frac{\mathrm{d}}{\mathrm{d}t}(\vec{e_\theta}) = -\cos\theta \frac{\mathrm{d}\theta}{\mathrm{d}t}\vec{e_x} - \sin\theta \frac{\mathrm{d}\theta}{\mathrm{d}t}\vec{e_y} = -\frac{\mathrm{d}\theta}{\mathrm{d}t}\vec{e_r}$$

(3)

$$\frac{\mathrm{d}}{\mathrm{d}t}(\vec{r}) = \frac{\mathrm{d}}{\mathrm{d}t}(r\vec{e_r}) = \frac{\mathrm{d}r}{\mathrm{d}t}\vec{e_r} + r\frac{\mathrm{d}}{\mathrm{d}t}(\vec{e_r}) = \frac{\mathrm{d}r}{\mathrm{d}t}\vec{e_r} + r\frac{\mathrm{d}\theta}{\mathrm{d}t}\vec{e_\theta}$$

(4)

$$\frac{\mathrm{d}^2}{\mathrm{d}t^2}(\vec{r}) = \frac{\mathrm{d}}{\mathrm{d}t}\left(\frac{\mathrm{d}}{\mathrm{d}t}(\vec{r})\right)$$

(3) を代入して,

$$\frac{\mathrm{d}}{\mathrm{d}t}\left(\frac{\mathrm{d}r}{\mathrm{d}t}\vec{e_r} + r\frac{\mathrm{d}\theta}{\mathrm{d}t}\vec{e_\theta}\right)$$

積の微分法より,

$$=\frac{\mathrm{d}^2 r}{\mathrm{d}t^2}\vec{e_r} + \frac{\mathrm{d}r}{\mathrm{d}t}\frac{\mathrm{d}}{\mathrm{d}t}(\vec{e_r}) + \frac{\mathrm{d}r}{\mathrm{d}t}\frac{\mathrm{d}\theta}{\mathrm{d}t}\vec{e_\theta} + r\frac{\mathrm{d}^2\theta}{\mathrm{d}t^2}\vec{e_\theta} + r\frac{\mathrm{d}\theta}{\mathrm{d}t}\frac{\mathrm{d}}{\mathrm{d}t}(\vec{e_\theta})$$

$$=\frac{\mathrm{d}^2 r}{\mathrm{d}t^2}\vec{e_r} + \frac{\mathrm{d}r}{\mathrm{d}t}\frac{\mathrm{d}\theta}{\mathrm{d}t}\vec{e_\theta} + \frac{\mathrm{d}r}{\mathrm{d}t}\frac{\mathrm{d}\theta}{\mathrm{d}t}\vec{e_\theta} + r\frac{\mathrm{d}^2\theta}{\mathrm{d}t^2}\vec{e_\theta} + r\frac{\mathrm{d}\theta}{\mathrm{d}t}\cdot\left(-\frac{\mathrm{d}\theta}{\mathrm{d}t}\vec{e_r}\right)$$

$$=\left\{\frac{\mathrm{d}^2 r}{\mathrm{d}t^2} - r\left(\frac{\mathrm{d}\theta}{\mathrm{d}t}\right)^2\right\}\vec{e_r} + \left\{2\frac{\mathrm{d}r}{\mathrm{d}t}\frac{\mathrm{d}\theta}{\mathrm{d}t} + r\frac{\mathrm{d}^2\theta}{\mathrm{d}t^2}\right\}\vec{e_\theta}$$

問題 6.5

(1) r 方向の運動方程式は,

$$m\left\{\frac{\mathrm{d}^2 r}{\mathrm{d}t^2} - r\left(\frac{\mathrm{d}\theta}{\mathrm{d}t}\right)^2\right\} = N - mg\cos\theta$$

$r = R$ （一定） より, $\dfrac{\mathrm{d}r}{\mathrm{d}t} = \dfrac{\mathrm{d}^2 r}{\mathrm{d}t^2} = 0$ なので,

$$-mR\left(\frac{\mathrm{d}\theta}{\mathrm{d}t}\right)^2 = N - mg\cos\theta$$

(2) θ 方向の運動方程式は,

$$m\left(2\frac{\mathrm{d}r}{\mathrm{d}t}\frac{\mathrm{d}\theta}{\mathrm{d}t} + r\frac{\mathrm{d}^2\theta}{\mathrm{d}t^2}\right) = mg\sin\theta$$

$r = R$ （一定） より, $\dfrac{\mathrm{d}r}{\mathrm{d}t} = \dfrac{\mathrm{d}^2 r}{\mathrm{d}t^2} = 0$ なので,

$$mR\frac{\mathrm{d}^2\theta}{\mathrm{d}t^2} = mg\sin\theta$$

(3)
$$mR^2 \frac{\mathrm{d}\theta}{\mathrm{d}t} \frac{\mathrm{d}^2\theta}{\mathrm{d}t^2} = mgR\sin\theta \frac{\mathrm{d}\theta}{\mathrm{d}t}$$

t で積分すると，
$$\frac{1}{2}mR^2\left(\frac{\mathrm{d}\theta}{\mathrm{d}t}\right)^2 = -mgR\cos\theta + C$$

$$\frac{1}{2}mR^2\left(\frac{\mathrm{d}\theta}{\mathrm{d}t}\right)^2 + mgR\cos\theta = C$$

ここで初期条件より，
$$\frac{1}{2}mR^2\left(\frac{\mathrm{d}\theta}{\mathrm{d}t}\right)^2 + mgR\cos\theta = \frac{1}{2}mv_0^2 + mgR$$

(4) (3) より，
$$\left(\frac{\mathrm{d}\theta}{\mathrm{d}t}\right)^2 = \frac{v_0^2}{R^2} + \frac{2g}{R}(1 - \cos\theta)$$

(1) より，
$$N = mg\cos\theta - mR\left(\frac{\mathrm{d}\theta}{\mathrm{d}t}\right)^2$$

なので，上式を代入して，
$$N = mg\cos\theta - mR\left(\frac{v_0^2}{R^2} + \frac{2g}{R}(1 - \cos\theta)\right)$$

$$N = mg(3\cos\theta - 2) - \frac{mv_0^2}{R}$$

(5) $\theta = \theta_B$ のとき $N = 0$ より，
$$0 = mg(3\cos\theta_B - 2) - \frac{mv_0^2}{R}$$

$$3\cos\theta_B - 2 = \frac{v_0^2}{gR}$$

$$\cos\theta_B = \frac{1}{3}\left(2 + \frac{v_0^2}{gR}\right)$$

問題 6.6

(1) 運動方程式は,

$$m\frac{\mathrm{d}^2 x}{\mathrm{d}t^2} = -\mu mg$$

(2)

$$m\frac{\mathrm{d}x}{\mathrm{d}t}\frac{\mathrm{d}^2 x}{\mathrm{d}t^2} = -\mu mg\frac{\mathrm{d}x}{\mathrm{d}t}$$

$$\left[\frac{1}{2}m\left(\frac{\mathrm{d}x(t)}{\mathrm{d}t}\right)^2\right]_{t_{\mathrm{A}}}^{t_{\mathrm{B}}} = [-\mu mgx(t)]_{t_{\mathrm{A}}}^{t_{\mathrm{B}}}$$

$$\frac{\mathrm{d}x(t_{\mathrm{A}})}{\mathrm{d}t} = v_0 \ , \ \frac{\mathrm{d}x(t_{\mathrm{B}})}{\mathrm{d}t} = v_{\mathrm{B}} \ , \ x(t_{\mathrm{A}}) = 0, \ x(t_{\mathrm{B}}) = l \ \text{より,}$$

$$\frac{1}{2}mv_{\mathrm{B}}^2 - \frac{1}{2}mv_0^2 = -\mu mgl$$

$$v_{\mathrm{B}} = \sqrt{v_0^2 - 2\mu gl}$$

(3) 向心方向（O から離れる向きを正とする）の加速度は,

$$a_r = \frac{\mathrm{d}^2 r}{\mathrm{d}t^2} - r\left(\frac{\mathrm{d}\theta}{\mathrm{d}t}\right)^2$$

ここで, $r = $ 一定より $\dfrac{\mathrm{d}^2 r}{\mathrm{d}t^2} = 0$ なので,

$$a_r = -r\left(\frac{\mathrm{d}\theta}{\mathrm{d}t}\right)^2$$

運動方程式は,

$$ma_r = mg\cos\theta - N$$

なので, 代入して,

$$mr\left(\frac{\mathrm{d}\theta}{\mathrm{d}t}\right)^2 = N - mg\cos\theta$$

(4) 接線方向の加速度は,

135

$$a_\theta = 2\frac{\mathrm{d}r}{\mathrm{d}t}\frac{\mathrm{d}\theta}{\mathrm{d}t} + r\frac{\mathrm{d}^2\theta}{\mathrm{d}t^2}$$

ここで，$r = $ 一定より $\dfrac{\mathrm{d}r}{\mathrm{d}t} = 0$ なので，

$$a_\theta = r\frac{\mathrm{d}^2\theta}{\mathrm{d}t^2}$$

運動方程式は，

$$ma_\theta = -mg\sin\theta$$

なので，代入して，

$$mr\frac{\mathrm{d}^2\theta}{\mathrm{d}t^2} = -mg\sin\theta$$

補足 もし等速円運動であれば，角速度 $\dfrac{\mathrm{d}\theta}{\mathrm{d}t} = $ 一定 であるから，$\dfrac{\mathrm{d}^2\theta}{\mathrm{d}t^2} = 0$ であるが，この場合は角速度が一定でないので，注意が必要である。

(5)

$$mr^2\frac{\mathrm{d}\theta}{\mathrm{d}t}\frac{\mathrm{d}^2\theta}{\mathrm{d}t^2} = -mgr\sin\theta\frac{\mathrm{d}\theta}{\mathrm{d}t}$$

t で積分すると，

$$\frac{1}{2}mr^2\left(\frac{\mathrm{d}\theta}{\mathrm{d}t}\right)^2 = mgr\cos\theta + C$$

$$\frac{1}{2}mr^2\left(\frac{\mathrm{d}\theta}{\mathrm{d}t}\right)^2 - mgr\cos\theta = C$$

ここで点 B のとき，$r\dfrac{\mathrm{d}\theta}{\mathrm{d}t} = v_\mathrm{B}$　かつ $\theta = 0$ より，

$$\frac{1}{2}mr^2\left(\frac{\mathrm{d}\theta}{\mathrm{d}t}\right)^2 - mgr\cos\theta = \frac{1}{2}mv_\mathrm{B}^2 - mgr$$

(6) (5) より，

$$\left(\frac{\mathrm{d}\theta}{\mathrm{d}t}\right)^2 = \frac{v_B^2}{r^2} - \frac{2g}{r}(1 - \cos\theta)$$

なので，(3) に代入して，

$$m\frac{v_B^2}{r} - 2mg(1 - \cos\theta) = N - mg\cos\theta$$

$$m\frac{v_B^2}{r} - mg(2 - 3\cos\theta) = N$$

(2) を代入して，

$$N = m\frac{v_0^2 - 2\mu gl}{r} - mg(2 - 3\cos\theta)$$

問題 6.7

(1)

$$\begin{aligned}
\frac{1}{r}\frac{\mathrm{d}}{\mathrm{d}t}\left(r^2\frac{\mathrm{d}\theta}{\mathrm{d}t}\right) &= \frac{1}{r}\left(\frac{\mathrm{d}(r^2)}{\mathrm{d}t}\frac{\mathrm{d}\theta}{\mathrm{d}t} + r^2\frac{\mathrm{d}^2\theta}{\mathrm{d}t^2}\right) \\
&= \frac{1}{r}\left(\frac{\mathrm{d}(r^2)}{\mathrm{d}r}\frac{\mathrm{d}r}{\mathrm{d}t}\frac{\mathrm{d}\theta}{\mathrm{d}t} + r^2\frac{\mathrm{d}^2\theta}{\mathrm{d}t^2}\right) \\
&= \frac{1}{r}\left(2r\frac{\mathrm{d}r}{\mathrm{d}t}\frac{\mathrm{d}\theta}{\mathrm{d}t} + r^2\frac{\mathrm{d}^2\theta}{\mathrm{d}t^2}\right) \\
&= 2\frac{\mathrm{d}r}{\mathrm{d}t}\frac{\mathrm{d}\theta}{\mathrm{d}t} + r\frac{\mathrm{d}^2\theta}{\mathrm{d}t^2}
\end{aligned}$$

(2) 運動方程式は $ma_\theta = F_\theta$ であるから，$F_\theta = 0$ ならば $a_\theta = 0$ となる。$a_\theta = 0$ より，

$$0 = \frac{1}{r}\frac{\mathrm{d}}{\mathrm{d}t}\left(r^2\frac{\mathrm{d}\theta}{\mathrm{d}t}\right)$$

よって，

$$r^2\frac{\mathrm{d}\theta}{\mathrm{d}t} = 一定$$

$v_\theta = r\dfrac{\mathrm{d}\theta}{\mathrm{d}t}$ なので，

$$rv_\theta = 一定$$

$$\frac{1}{2} r v_\theta = 一定$$

よって，θ 方向に外力が作用しないときは，面積速度が一定である。

(3) 惑星の質量 m は一定である。(2) の式の両辺に $\frac{m}{2}$ をかけると，

$$rmv_\theta = 一定$$

となる。

問題 6.8

(1) 小球が球面から受ける垂直抗力を N として，最大摩擦力は μN となる。r の正の向きは円の中心から遠ざかる向き，θ の正の向きは小球が球面に沿って上り，角度が増える向きに注意して，

$$ma_r = mg\cos\theta - N$$
$$ma_\theta = -\mu N - mg\sin\theta$$

(2)

$$-mr\omega^2 \sin^2\theta = mg\cos\theta - N \qquad \text{(A)}$$
$$-mr\omega^2 \sin\theta\cos\theta = -\mu N - mg\sin\theta \qquad \text{(B)}$$

(A)$\times\mu-$(B) より，

$$-\mu mr\omega^2 \sin^2\theta + mr\omega^2 \sin\theta\cos\theta = \mu mg\cos\theta + mg\sin\theta$$

$$mr\omega^2 \sin\theta\,(-\mu\sin\theta + \cos\theta) = mg\,(\mu\cos\theta + \sin\theta)$$

$$\omega^2 = \frac{g}{r\sin\theta}\frac{\mu\cos\theta + \sin\theta}{-\mu\sin\theta + \cos\theta}$$

$$\omega = \sqrt{\frac{g}{r\sin\theta}\frac{\mu\cos\theta + \sin\theta}{-\mu\sin\theta + \cos\theta}}$$

B.7　付録 A 微分積分の基本定理

問題 A.1

(1) $x = \omega t$ とすると，$y = \sin x$ となる。合成関数の微分より，
$$\frac{\mathrm{d}y}{\mathrm{d}t} = \frac{\mathrm{d}y}{\mathrm{d}x}\frac{\mathrm{d}x}{\mathrm{d}t} = \frac{\mathrm{d}}{\mathrm{d}x}(\sin x)\frac{\mathrm{d}(\omega t)}{\mathrm{d}t} = \cos x \cdot \omega = \omega \cos \omega t$$

(2) $x = \omega t$ とすると，$y = \cos x$ となる。合成関数の微分より，
$$\frac{\mathrm{d}y}{\mathrm{d}t} = \frac{\mathrm{d}y}{\mathrm{d}x}\frac{\mathrm{d}x}{\mathrm{d}t} = \frac{\mathrm{d}}{\mathrm{d}x}(\cos x)\frac{\mathrm{d}(\omega t)}{\mathrm{d}t} = -\sin x \cdot \omega = -\omega \sin \omega t$$

問題 A.2

(1) $y = f(x)$ として，
$$f'(x) = 2x$$

式 (A.14) より，$a = 2$，$f(1) = 4$ なので，
$$y - 4 = 2 \cdot 2(x - 2)$$
$$y = 4x - 4$$

(2) $y = f(x)$ として，
$$f'(x) = \cos x$$

式 (A.14) より，$a = \dfrac{\pi}{2}$，$f(1) = 1$ なので，
$$y - 1 = \cos\frac{\pi}{2}\left(x - \frac{\pi}{2}\right)$$
$$y = 1$$

問題 A.3

(1)

$$\frac{1}{3}x^3 + C$$

(2)

$$ax + C$$

(3)

$$\frac{1}{n+1}x^{n+1} + C$$

問題 A.4

$$\int_1^3 x^2 \mathrm{d}x = \left[\frac{1}{3}x^3\right]_1^3 = \frac{1}{3}(3^3 - 1^3) = \frac{26}{3}$$

問題 A.5

(1)

$$m\Delta t \leqq S(t + \Delta t) - S(t) \leqq M\Delta t$$

の両辺を Δt で割ると，

$$m \leqq \frac{S(t + \Delta t) - S(t)}{\Delta t} \leqq M$$

ここで，$\Delta t \to 0$ の極限をとると，左辺 $m \to f(t)$ かつ右辺 $M \to f(t)$ となり，$\dfrac{S(t + \Delta t) - S(t)}{\Delta t}$ は微分の定義より $S'(t)$ と表される。よって，はさみうちの定理より，

$$S'(t) = f(t)$$

となる。

(2)

$$S'(t) = f(t)$$

の両辺を積分して，

$$S(t) = F(t) + C$$

ここで，C は積分定数である。また，$S(1) = 0$ なので $t = a$ を代入
して $C = - F(1)$ となる。

　求める面積は $t = b$ のときなので，

$$S(2) = F(2) + C = F(2) - F(1)$$

よって，$F(2) - F(1)$ は関数 $y = f(x)$ の区間 $[a, b]$ に描く面積を
表す。

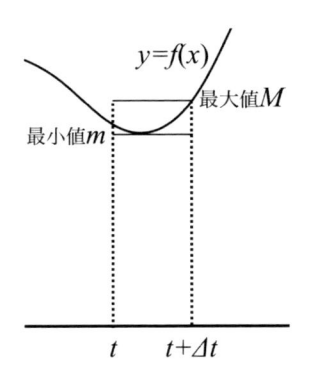

図 B.7　定積分解説

参考文献

[1]　矢野健太郎，石原繁 編『微分積分 改訂版』裳華房，1991.

[2]　山本義隆『新・物理入門 <増補改訂版>』駿台文庫，2005.

[3]　早稲田大学本庄高等学院 SSH 委員会『微積分と物理 2010 年度版』，2010.

著者紹介

今井 章人 (いまい あきひと)

1986年 埼玉県東松山市生まれ。
早稲田大学先進理工学研究科物理学及応用物理学専攻修士課程修了。
大学院生時に早稲田大学本庄高等学院，慶應義塾高等学校で非常勤講師を務め，現在，早稲田中学校・高等学校理科（物理）教諭。
日本物理教育学会理事，日本物理学会物理教育委員会委員などを務める。

◎本書スタッフ
編集長：石井 沙知
編集：石井 沙知
組版協力：コレクトコネクト（田中 博基）
表紙デザイン：tplot.inc 中沢 岳志
技術開発・システム支援：インプレス NextPublishing

●本書に記載されている会社名・製品名等は，一般に各社の登録商標または商標です。本文中の©，®，TM等の表示は省略しています。

●本書の内容についてのお問い合わせ先
近代科学社Digital　メール窓口
kdd-info@kindaikagaku.co.jp
件名に「『本書名』問い合わせ係」と明記してお送りください。
電話やFAX，郵便でのご質問にはお答えできません。返信までには，しばらくお時間をいただく場合があります。なお，本書の範囲を超えるご質問にはお答えしかねますので，あらかじめご了承ください。

解きながら学ぶ
微積分でよくわかる力学

2024年11月29日　初版発行Ver.1.0
2025年4月30日　Ver.1.1

著　者　今井 章人
発行人　大塚 浩昭
発　行　近代科学社Digital
販　売　株式会社 近代科学社
　　　　〒101-0051
　　　　東京都千代田区神田神保町1丁目105番地
　　　　https://www.kindaikagaku.co.jp

印刷・製本　京葉流通倉庫株式会社
Printed in Japan

ISBN978-4-7649-0722-5

近代科学社 Digitalは、株式会社近代科学社が推進する21世紀型の理工系出版レーベルです。デジタルパワーを積極活用することで、オンデマンド型のスピーディでサステナブルな出版モデルを提案します。

近代科学社 Digital は株式会社インプレス R&D が開発したデジタルファースト出版プラットフォーム“NextPublishing”との協業で実現しています。

近代科学社 Digital
教科書発掘プロジェクトのお知らせ

教科書出版もニューノーマルへ！
オンライン、遠隔授業にも対応！
好評につき、通年ご応募いただけるようになりました！

近代科学社 Digital　教科書発掘プロジェクトとは？

・オンライン、遠隔授業に活用できる
・以前に出版した書籍の復刊が可能
・内容改訂も柔軟に対応
・電子教科書に対応

　何度も授業で使っている講義資料としての原稿を、教科書にして出版いたします。書籍の出版経験がない、また地方在住で相談できる出版社がない先生方に、デジタルパワーを活用して広く出版の門戸を開き、世の中の教科書の選択肢を増やします。

教科書発掘プロジェクトで出版された書籍

情報を集める技術・伝える技術
著者：飯尾 淳
B5判・192ページ
2,300円（小売希望価格）

代数トポロジーの基礎
—基本群とホモロジー群—
著者：和久井 道久
B5判・296ページ
3,500円（小売希望価格）

学校図書館の役割と使命
—学校経営・学習指導にどう関わるか—
著者：西巻 悦子
A5判・112ページ
1,700 円（小売希望価格）

募集要項

募集ジャンル
　大学・高専・専門学校等の学生に向けた理工系・情報系の原稿

応募資格
1. ご自身の授業で使用されている原稿であること。
2. ご自身の授業で教科書として使用する予定があること（使用部数は問いません）。
3. 原稿送付・校正等、出版までに必要な作業をオンライン上で行っていただけること。
4. 近代科学社 Digital の執筆要項・フォーマットに準拠した完成原稿をご用意いただけること（Microsoft Word または LaTeX で執筆された原稿に限ります）。
5. ご自身のウェブサイトや SNS 等から近代科学社 Digital のウェブサイトにリンクを貼っていただけること。
※本プロジェクトでは、通常ご負担いただく出版分担金が無料です。

詳細・お申込は近代科学社 Digital ウェブサイトへ！
URL: https://www.kindaikagaku.co.jp/feature/detail/index.php?id=1